中国海洋经济统计年鉴

CHINA MARINE ECONOMIC STATISTICAL YEARBOOK

2022

自然资源部　编

Edited by

Ministry of Natural Resources of the People's Republic of China

海洋出版社

China Ocean Press

图书在版编目(CIP)数据

中国海洋经济统计年鉴. 2022/自然资源部编. —北京：海洋出版社，2023.7
ISBN 978-7-5210-1133-3

Ⅰ.①中… Ⅱ.①自… Ⅲ.①海洋经济-统计资料-中国-2022-年鉴-汉、英 Ⅳ.①P74-54

中国版本图书馆 CIP 数据核字(2023)第 119971 号

中国海洋经济统计年鉴 2022
ZHONGGUO HAIYANG JINGJI TONGJI NIANJIAN 2022

责任编辑：王 溪
责任印制：安 森
海洋出版社 出版发行
http://www.oceanpress.com.cn
北京市海淀区大慧寺路 8 号 邮编：100081
北京顶佳世纪印刷有限公司印刷 新华书店北京发行所经销
2023 年 7 月第 1 版 2023 年 7 月第 1 次印刷
开本：787mm×1092mm 1/16 印张：17.75
字数：430 千字 定价：168.00 元
发行部：010-62100090 总编室：010-62100034

《中国海洋经济统计年鉴》编委会

高明兴　　天津市规划和自然资源局
沈　瑾　　河北省自然资源厅（海洋局）
王文国　　辽宁省自然资源厅
金宏松　　上海市海洋局
李如海　　江苏省自然资源厅
张　佳　　浙江省自然资源厅
邱章泉　　福建省海洋与渔业局
张建东　　山东省海洋局
屈家树　　广东省自然资源厅
蒋和生　　广西壮族自治区海洋局
江国栋　　海南省自然资源和规划厅
史明强　　大连市自然资源局
戚春良　　宁波市自然资源和规划局
曾东生　　厦门市海洋发展局
戚永战　　青岛市海洋发展局
高尔剑　　深圳市海洋渔业局

编 者 说 明

一、《中国海洋经济统计年鉴 2022》系统收录了全国和沿海区域 2021 年开发、利用和保护海洋的各类产业活动，以及与之相关联的活动的统计数据和社会经济概况数据，是一部全面反映中国海洋经济发展有关情况的资料性年鉴，全书为中英文对照。

二、本年鉴所涉及的沿海区域包括沿海地区、沿海城市和沿海地带，按《沿海行政区域分类与代码》(HY/T 094—2022)的顺序排列。

三、本年鉴正文内容包括综合资料、海洋经济核算、主要海洋产业活动、主要海洋产业生产能力、海洋科学技术、海洋教育、海洋生态环境与防灾减灾、海洋行政管理及公益服务、全国及沿海社会经济和部分世界海洋经济统计资料 10 部分。与《中国海洋经济统计年鉴 2021》相比，本年鉴主要做如下修订：在“海洋经济核算”部分，基于新版国家标准《海洋及相关产业分类》（GB/T 20794—2021）对海洋及相关产业的类别及名称、核算行业范围进行了修订，部分海洋及相关产业的核算区域范围增加了非沿海地区，增加了海洋产业增加值的历年“增长速度”；在“海洋教育”部分，增加分专业、分地区“高等职业教育各海洋专业本科学生情况”，将分专业、分地区“普通高等教育各海洋专业专科学生情况”修改为分专业、分地区“高等职业教育各海洋专业专科学生情况”。

四、本年鉴资料主要根据《海洋经济统计调查制度》和《海洋生产总值核算制度》（国统制〔2020〕49 号），来源于各级自然资源（海洋）主管部门及同级统计部门和相关行业主管部门、国务院有关涉海部门、重点涉海企业。部分国际国内社会经济统计数据来源于公开资料，均在表下方注释说明。

五、本年鉴中除特殊说明外，所有价值量指标均为当年价。年鉴中每部分附有主要统计指标解释，对指标的含义、统计范围和统计方法做了简要说明。统计数据中的其他说明置于表的下方；有续表的资料，如有注释均置于第一张表的下方。

六、本年鉴中涉及的历史数据，均以本年鉴出版的最新数据为准；本年鉴中部分数据合计数或相对数由于单位取舍不同而产生的计算误差，均未做机械调整。

七、本年鉴表格中符号使用说明："空格"表示该项统计指标数据不详或无该项数据；"…"表示该项统计指数据不足表中最小单位数；"#"表示其中的主要项；其他符号如"*"或"①"等表示本表后面有注释。

八、本年鉴中涉及的全国性统计数据，除国土面积及特别注明外，均未包括香港特别行政区、澳门特别行政区和台湾省数据。

九、《中国海洋经济统计年鉴 2022》在编撰过程中，得到了各有关单位的大力支持，在此表示衷心的感谢。本年鉴中如有疏漏和不妥之处，敬请读者批评指正。

《中国海洋经济统计年鉴》编辑部

Editor's Notes

I. The *China Marine Economic Statistical Yearbook 2022*, which has systematically included the statistical data on the national and coastal area's various industrial activities of developing, utilizing and protecting the ocean and the activities related thereto, as well as the data on the general situation of society and economy in 2021 is a data almanac reflecting in an all-round way China's marine economic development, and it is a Chinese-English bilingual edition.

II. The coastal areas covered by the Yearbook are the coastal regions, coastal cities and coastal zones, which are arranged in order according to the *Coastal Administrative Areas Classification and Codes* (HY/T 094—2022).

III. The main body of the Yearbook consists of 10 sections, namely, integrated data, marine economic accounting, major marine industrial activities, production capacity of major marine industries, marine science and technology, marine education, marine ecological environment and disaster mitigation, marine administration and public-good service, national and coastal socioeconomy, and part of the world's marine economic statistics data. In comparison with the *China Marine Economic Statistical Yearbook 2021*, this yearbook is mainly revised as follows: In the section of "Marine Economic Accounting" , based on the new version of national standard of the Classification of Marine and Marine-Related Industries (GB/T 20794—2021), the category, name and industry scope of accounting of marine and marine-related industries have been revised, the region scope of accounting of part of the marine and marine-related industries has been expanded to include the non-coastal regions, and the annual growth rate of added values of marine industries has been added. In the section of "Marine Education", the part of "Undergraduates from Marine Specialties in the Higher Vocational Education" by specialty and region is added, and the part of "Students from Marine Specialties of the Colleges for Professional Training in the Ordinary Higher Education" by specialty and region is revised as "Students of Marine Specialties of the Colleges for Professional Training in the Higher Vocational Education" by specialty and region.

IV. Mainly based on the *Marine Economic Statistics Survey System* and the *Gross Ocean Product Accounting System* (Guotongzhi〔2020〕No. 49), the data of the Yearbook come from the departments in charge of natural resources (maritime administration) at various levels and the statistical bureaus at the same levels, as well as the relevant industry administrative departments, relevant maritime departments under the State

Council, and key ocean-related enterprises. Part of the international and domestic socioeconomic statistic data are from the public data and illustrated in the notes below the tables.

V. Unless otherwise specified in the Yearbook, all the value indicators are given at the current price. Each section is attached by explanatory notes to the major marine statistical indicators, giving a brief explanation of the meaning, statistical range and statistical methods of the indicators. Other notes to the statistical data are listed below the tables. For the data with continued tables, annotations, if any, are put below the first table.

VI. All the historical data covered in the Yearbook are subject to the latest data published in the Yearbook; For part of the data in the Yearbook, the calculation errors on totals or relative figures due to the difference in the unit trade-offs have not been adjusted.

VII. The usage of symbols in the tables: "Blank" indicates that the data of the statistical index are unknown for the time being or that there are no such data available; "…" indicates that the data of the statistical index are not large enough to be measured even with the smallest unit in the table; "#" indicates the major items of the table; Other symbols, such as "*" or "①", indicate "see footnotes below".

VIII. The national statistical data covered in the Yearbook do not include the data from Hong Kong Special Administrative Region, Macao Special Administrative Region and Taiwan Province, except for territory area and otherwise specified.

IX. In the course of editing the *China Marine Economic Statistical Yearbook (2022)*, we enjoyed energetic support from the various departments concerned and we hereby extend our heartfelt thanks to them. Criticisms and comments are welcome from readers on the oversights and inappropriateness, if any, in the Yearbook.

Editorial Department of the
China Marine Economic Statistical Yearbook

2021年海洋经济主要统计指标

Main Statistical Indicators of Marine Economy in 2021

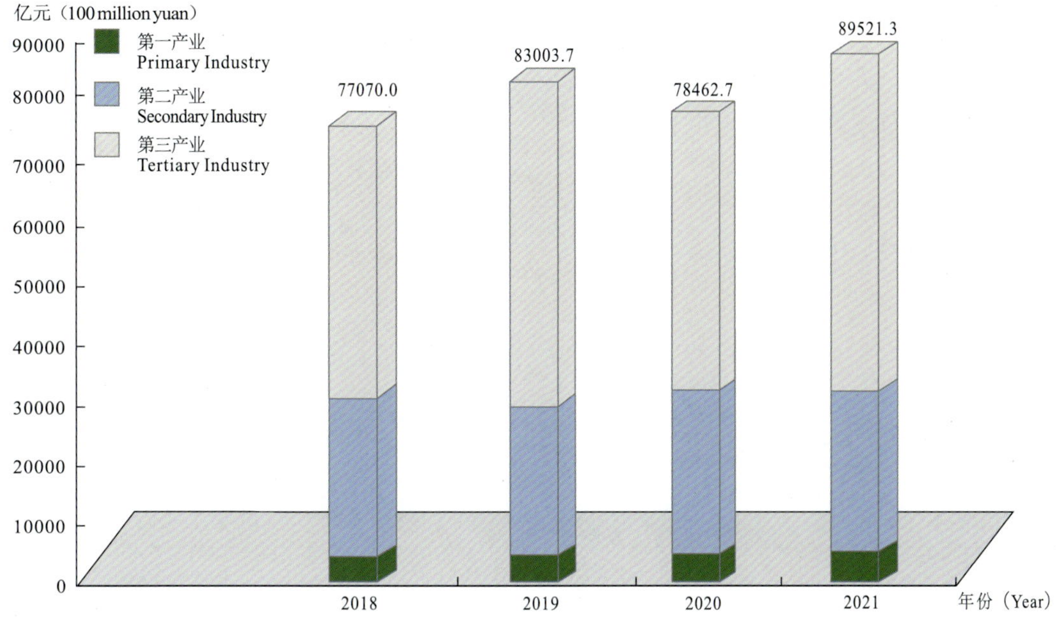

图1 全国海洋生产总值及三次产业构成

National Gross Ocean Product (GOP) and Three Industries Composition

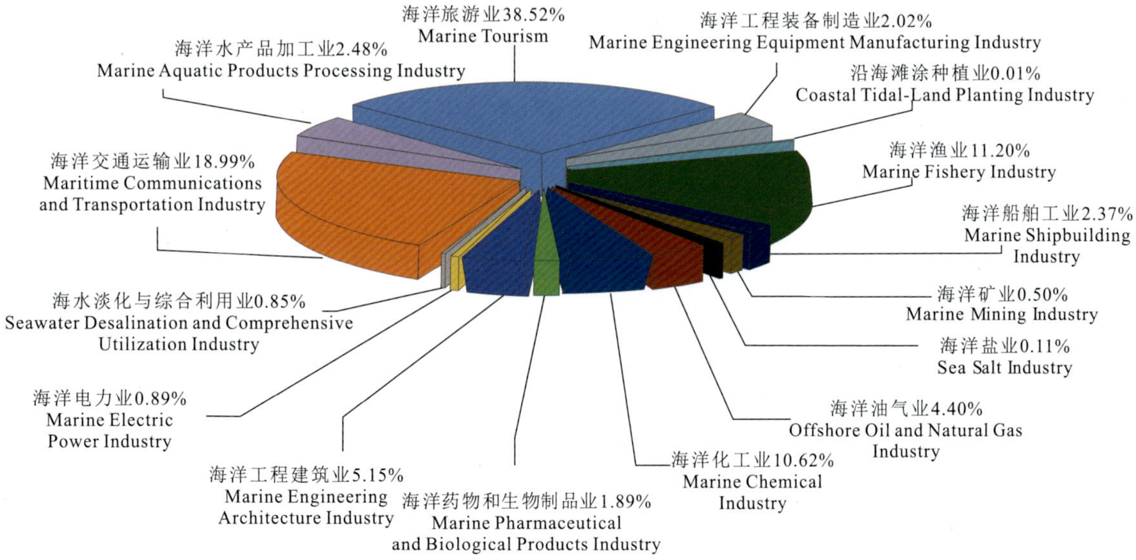

图2 2021年全国海洋产业增加值构成

Composition of Added Values of National Marine Industries in 2021

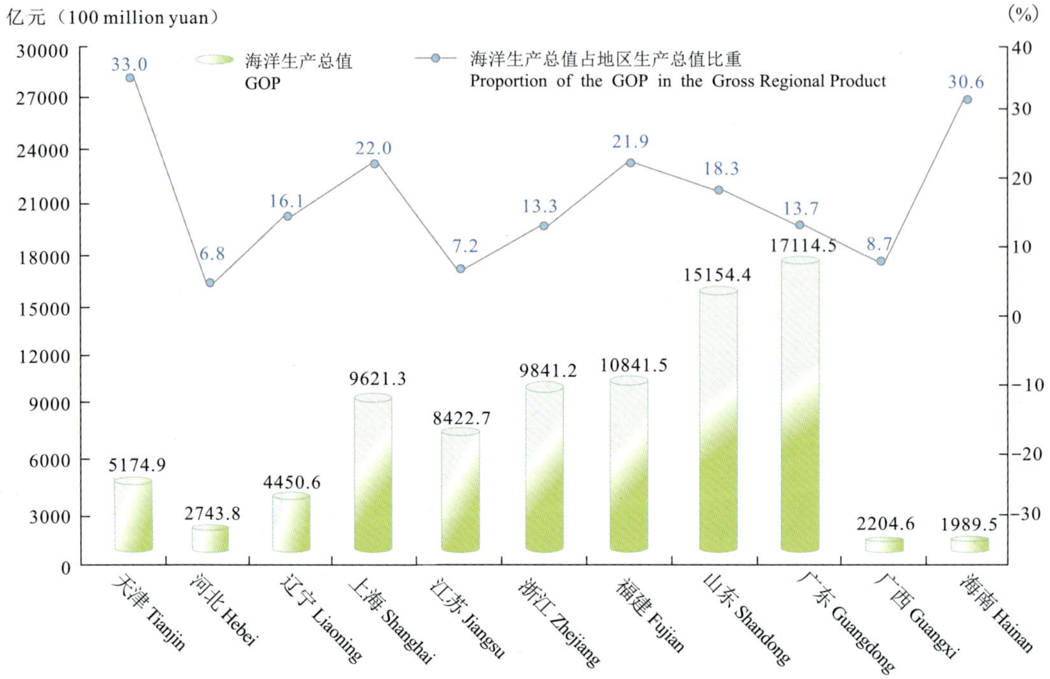

图3 2021年沿海地区海洋生产总值

GOP by Coastal Regions in 2021

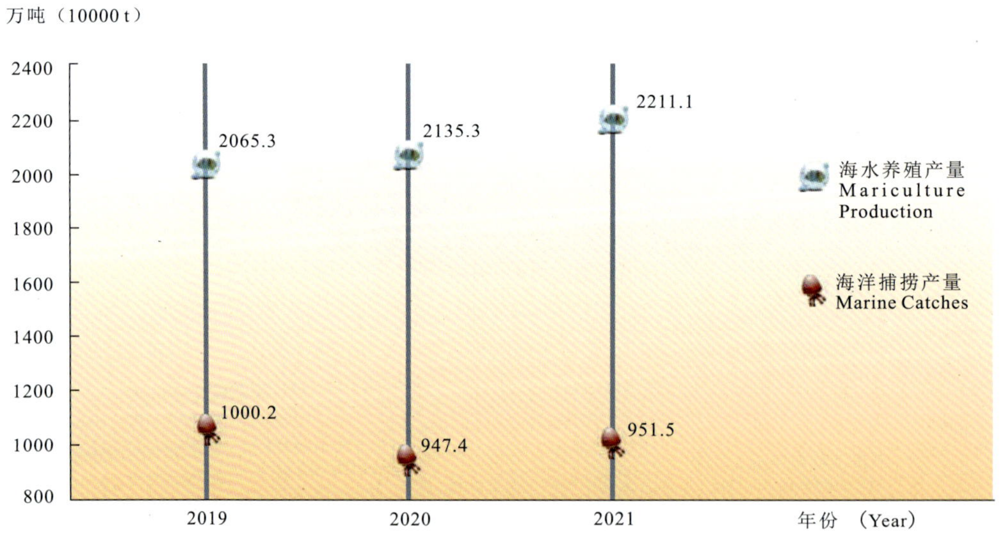

图4 全国近海捕捞和海水养殖产量

National Offshore Catches and Mariculture Production

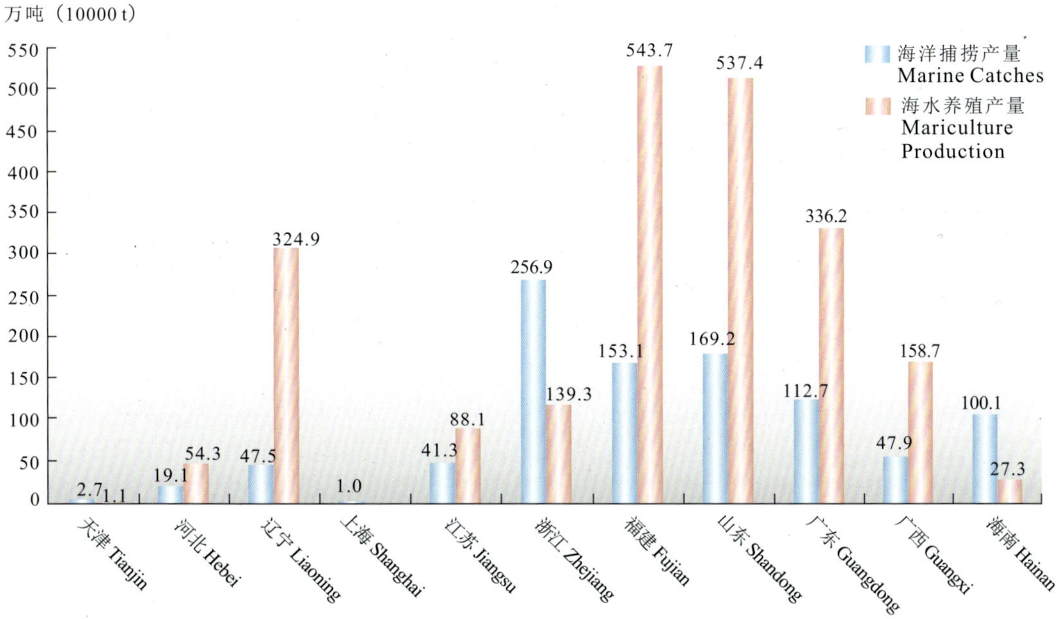

图5 2021年沿海地区近海捕捞和海水养殖产量

Offshore Catches and Mariculture Production by Coastal Regions in 2021

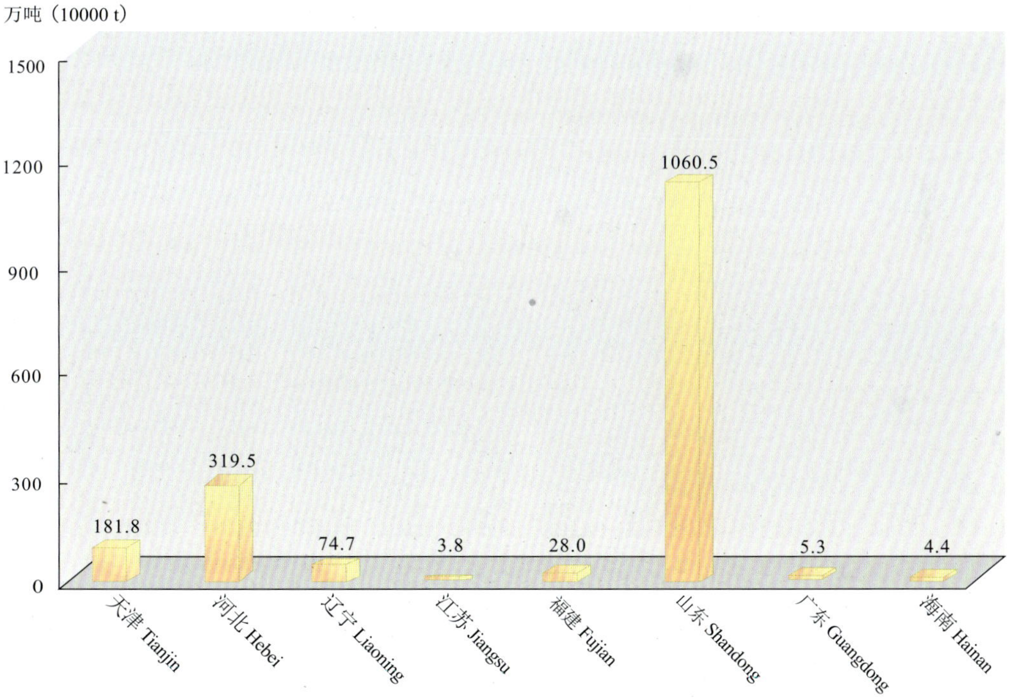

图6 2021年沿海地区海盐产量

Sea Salt Production by Coastal Regions in 2021

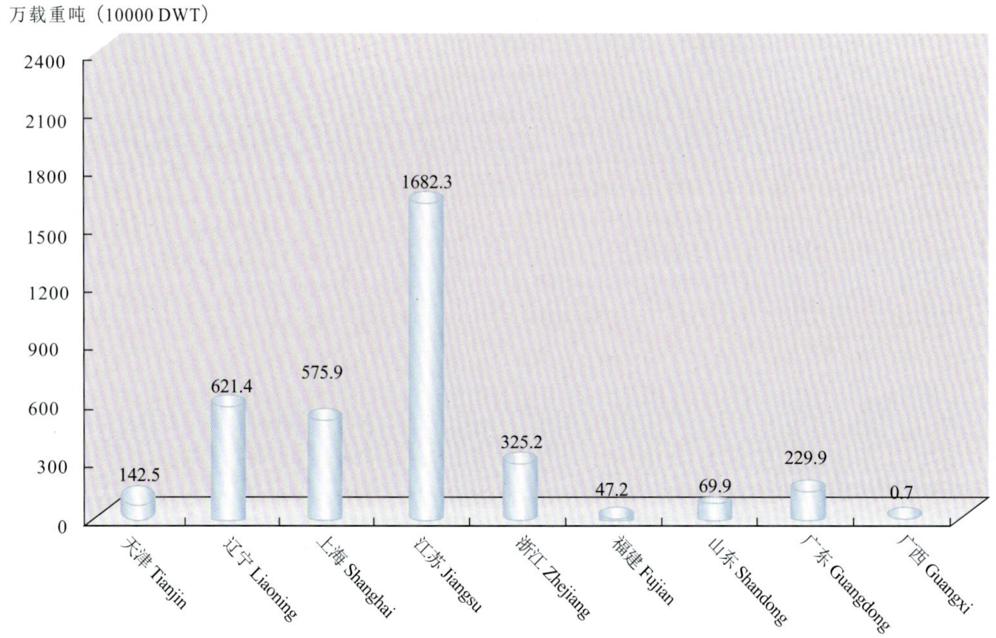

图7　2021年沿海地区海洋造船完工量

Completed Quantity of Marine Shipbuilding by Coastal Regions in 2021

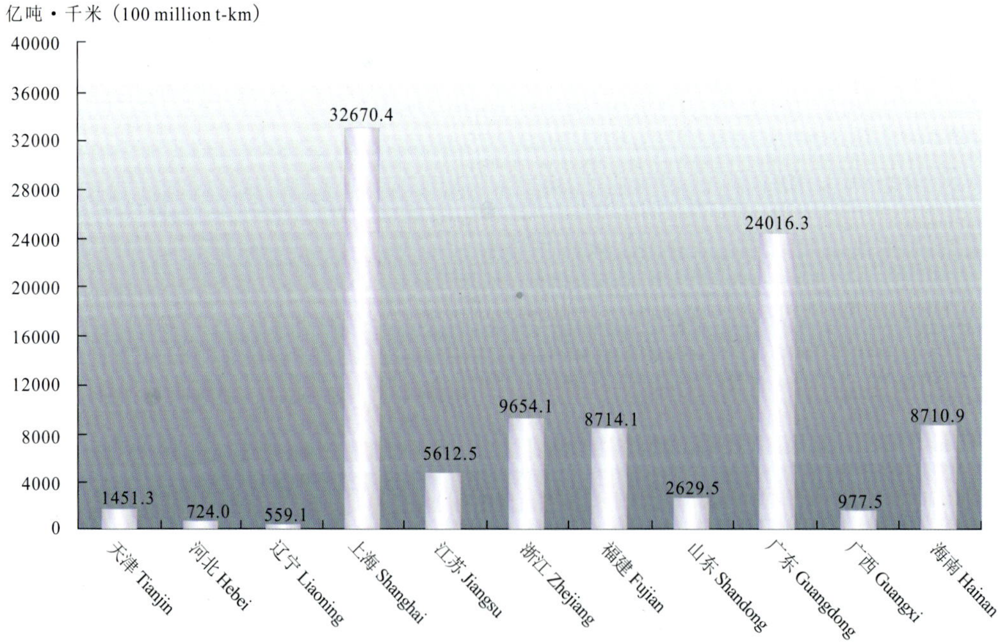

图8　2021年沿海地区海洋货物周转量

Maritime Goods Turnover Volume by Coastal Regions in 2021

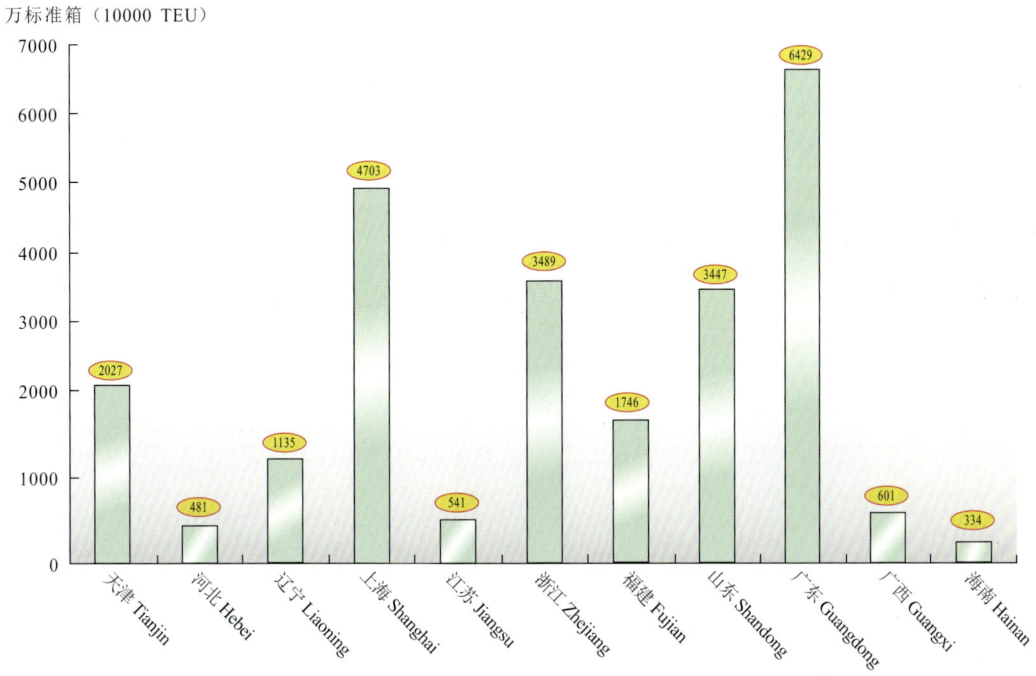

图9 2021年沿海港口国际标准集装箱吞吐量

International Standardized Containers Handled by Coastal Seaports in 2021

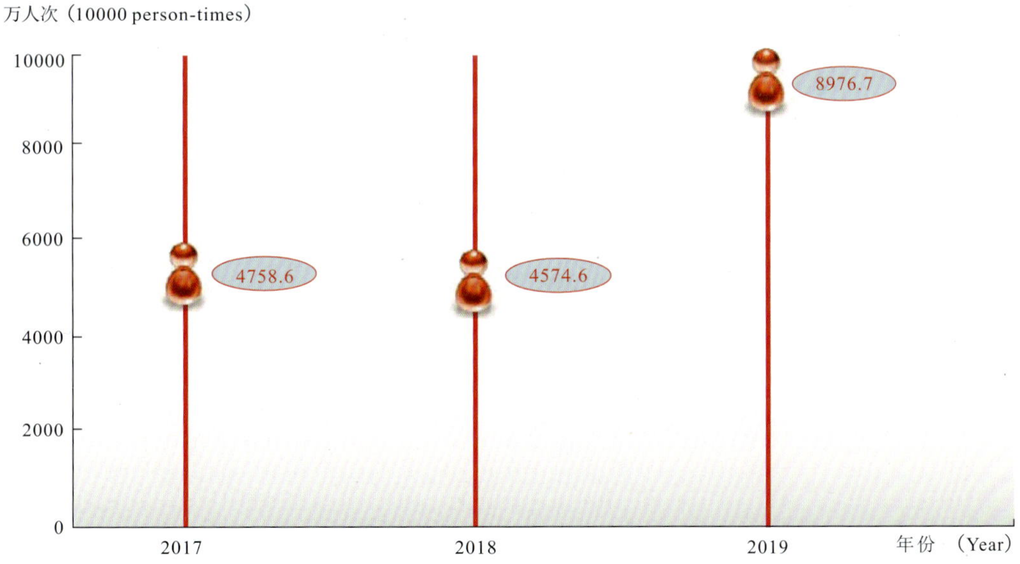

图10 主要沿海城市接待入境旅游者人数

Number of Inbound Tourists Received by Major Coastal Cities

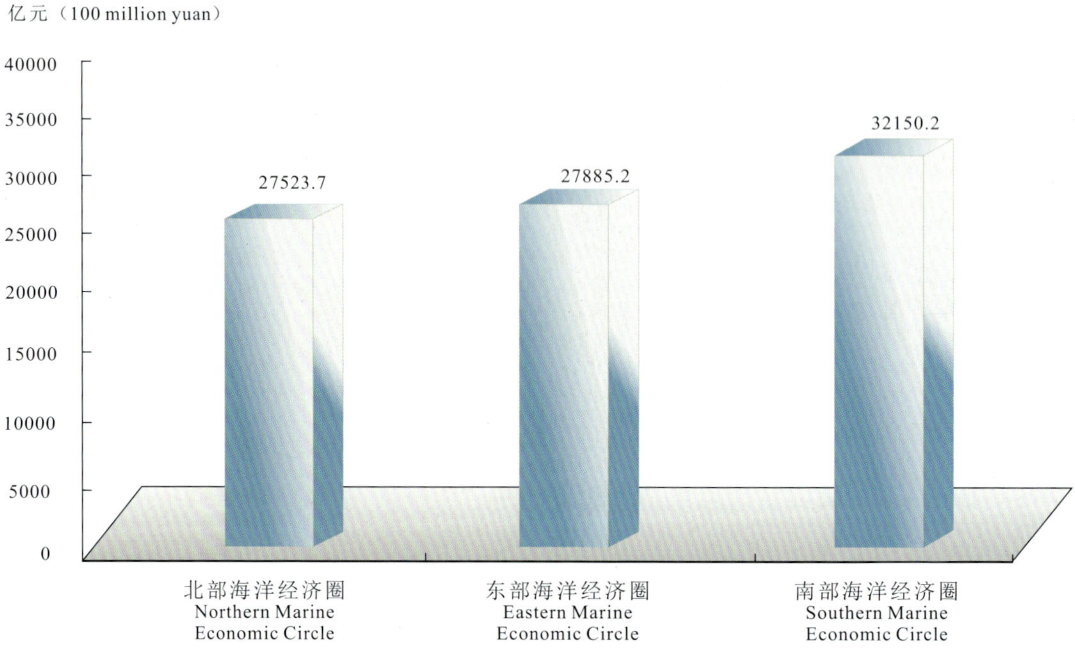

图11 2021年北部、东部、南部海洋经济圈海洋生产总值

GOP of the Northern Marine Economic Circle, Eastern Marine Economic Circle and Southern Marine Economic Circle in 2021

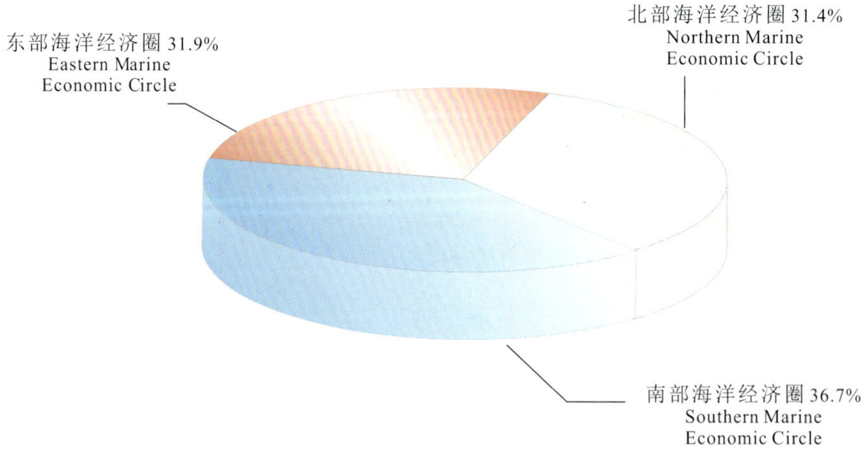

图12 2021 年北部、东部、南部海洋经济圈海洋生产总值占沿海地区海洋生产总值比重

Proportion of the GOP of the Northern Marine Economic Circle, Eastern Marine Economic Circle and Southern Marine Economic Circle in the GOP of Coastal Regions in 2021

目　次
CONTENTS

3 主要海洋产业活动

Major Marine Industrial Activities

4 主要海洋产业生产能力

Production Capacity of Major Marine Industries

6 海洋教育

Marine Education

1

综 合 资 料

Integrated Data

1-1 沿海地区行政区划（2021年）
Administrative Division of Coastal Regions (2021)

单位：个 (unit)

沿海地区 Coastal Region	沿海城市 Coastal City	沿海地带 Coastal County (District)			
		合　计 Total	县 County	县级市 County-level City	区 District
合　计 Total	**53**	**216**	**49**	**46**	**121**
天　津 Tianjin	1	1	0	0	1
河　北 Hebei	3	11	4	1	6
辽　宁 Liaoning	6	21	3	6	12
上　海 Shanghai	1	5	0	0	5
江　苏 Jiangsu	3	15	6	3	6
浙　江 Zhejiang	5	28	8	9	11
福　建 Fujian	6	33	11	6	16
山　东 Shandong	7	34	3	10	21
广　东 Guangdong	14	42	8	6	28
广　西 Guangxi	3	8	1	1	6
海　南 Hainan	4	18	5	4	9

注：沿海地带中未包括广东省的东莞、中山和海南省的儋州。

Note: The coastal zone does not include Dongguan and Zhongshan of Guangdong Province, and Danzhou of Hainan Province.

1-2 沿海行政区划一览表（2021年）
Table of Administrative Division of Coastal Regions (2021)

沿海地区 Coastal Region	地区代码 Zip Code	沿海城市 Coastal City	地区代码 Zip Code	沿海地带 Coastal County (District)	地区代码 Zip Code
天　津 Tianjin	120000			滨海新区 Binhai Xinqu	120116
河　北 Hebei	130000	唐山 Tangshan	130200	丰南区 Fengnan Qu	130207
				曹妃甸区 Caofeidian Qu	130209
				滦南县 Luannan Xian	130224
				乐亭县 Laoting Xian	130225
		秦皇岛 Qinhuangdao	130300	海港区 Haigang Qu	130302
				山海关区 Shanhaiguan Qu	130303
				北戴河区 Beidaihe Qu	130304
				抚宁区 Funing Qu	130306
				昌黎县 Changli Xian	130322
		沧州 Cangzhou	130900	海兴县 Haixing Xian	130924
				黄骅市 Huanghua Shi	130983
辽　宁 Liaoning	210000	大连 Dalian	210200	中山区 Zhongshan Qu	210202
				西岗区 Xigang Qu	210203
				沙河口区 Shahekou Qu	210204
				甘井子区 Ganjingzi Qu	210211
				旅顺口区 Lüshunkou Qu	210212
				金州区 Jinzhou Qu	210213
				普兰店区 Pulandian Qu	210214
				长海县 Changhai Xian	210224
				瓦房店市 Wafangdian Shi	210281
				庄河市 Zhuanghe Shi	210283
		丹东 Dandong	210600	东港市 Donggang Shi	210681
		锦州 Jinzhou	210700	凌海市 Linghai Shi	210781
		营口 Yingkou	210800	鲅鱼圈区 Bayuquan Qu	210804
				老边区 Laobian Qu	210811
				盖州市 Gaizhou Shi	210881
		盘锦 Panjin	211100	大洼区 Dawa Qu	211104
				盘山县 Panshan Xian	211122

1-2 续表1 continued

沿海地区 Coastal Region	地区代码 Zip Code	沿海城市 Coastal City	地区代码 Zip Code	沿海地带 Coastal County (District)	地区代码 Zip Code
		葫芦岛 Huludao	211400	连山区 Lianshan Qu	211402
				龙港区 Longgang Qu	211403
				绥中县 Suizhong Xian	211421
				兴城市 Xingcheng Shi	211481
上 海 Shanghai	310000			宝山区 Baoshan Qu	310113
				浦东新区 Pudong Xinqu	310115
				金山区 Jinshan Qu	310116
				奉贤区 Fengxian Qu	310120
				崇明区 Chongming Qu	310151
江 苏 Jiangsu	320000	南通 Nantong	320600	通州区 Tongzhou Qu	320612
				海门区 Haimen Qu	320614
				如东县 Rudong Xian	320623
				启东市 Qidong Shi	320681
				海安市 Hai'an Shi	320685
		连云港 Lianyungang	320700	连云区 Lianyun Qu	320703
				赣榆区 Ganyu Qu	320707
				灌云县 Guanyun Xian	320723
				灌南县 Guannan Xian	320724
		盐城 Yancheng	320900	亭湖区 Tinghu Qu	320902
				大丰区 Dafeng Qu	320904
				响水县 Xiangshui Xian	320921
				滨海县 Binhai Xian	320922
				射阳县 Sheyang Xian	320924
				东台市 Dongtai Shi	320981
浙 江 Zhejiang	330000	宁波 Ningbo	330200	北仑区 Beilun Qu	330206
				镇海区 Zhenhai Qu	330211
				鄞州区 Yinzhou Qu	330212
				奉化区 Fenghua Qu	330213
				象山县 Xiangshan Xian	330225
				宁海县 Ninghai Xian	330226
				余姚市 Yuyao Shi	330281
				慈溪市 Cixi Shi	330282

1-2 续表2 continued

沿海地区 Coastal Region	地区代码 Zip Code	沿海城市 Coastal City	地区代码 Zip Code	沿海地带 Coastal County (District)	地区代码 Zip Code
		温州 Wenzhou	330300	鹿城区 Lucheng Qu	330302
				龙湾区 Longwan Qu	330303
				洞头区 Dongtou Qu	330305
				平阳县 Pingyang Xian	330326
				苍南县 Cangnan Xian	330327
				瑞安市 Rui'an Shi	330381
				乐清市 Yueqing Shi	330382
				龙港市 Longgang Shi	330383
		嘉兴 Jiaxing	330400	海盐县 Haiyan Xian	330424
				平湖市 Pinghu Shi	330482
		舟山 Zhoushan	330900	定海区 Dinghai Qu	330902
				普陀区 Putuo Qu	330903
				岱山县 Daishan Xian	330921
				嵊泗县 Shengsi Xian	330922
		台州 Taizhou	331000	椒江区 Jiaojiang Qu	331002
				路桥区 Luqiao Qu	331004
				三门县 Sanmen Xian	331022
				温岭市 Wenling Shi	331081
				临海市 Linhai Shi	331082
				玉环市 Yuhuan Shi	331083
福　建 Fujian	350000	福州 Fuzhou	350100	马尾区 Mawei Qu	350105
				长乐区 Changle Qu	350112
				连江县 Lianjiang Xian	350122
				罗源县 Luoyuan Xian	350123
				平潭县 Pingtan Xian	350128
				福清市 Fuqing Shi	350181
		厦门 Xiamen	350200	思明区 Siming Qu	350203
				海沧区 Haicang Qu	350205

1-2 续表3 continued

沿海地区 Coastal Region	地区代码 Zip Code	沿海城市 Coastal City	地区代码 Zip Code	沿海地带 Coastal County (District)	地区代码 Zip Code
				湖里区 Huli Qu	350206
				集美区 Jimei Qu	350211
				同安区 Tong'an Qu	350212
				翔安区 Xiang'an Qu	350213
		莆田 Putian	350300	城厢区 Chengxiang Qu	350302
				涵江区 Hanjiang Qu	350303
				荔城区 Licheng Qu	350304
				秀屿区 Xiuyu Qu	350305
				仙游县 Xianyou Xian	350322
		泉州 Quanzhou	350500	丰泽区 Fengze Qu	350503
				泉港区 Quangang Qu	350505
				惠安县 Hui'an Xian	350521
				金门县 Jinmen Xian	350527
				石狮市 Shishi Shi	350581
				晋江市 Jinjiang Shi	350582
				南安市 Nan'an Shi	350583
		漳州 Zhangzhou	350600	龙海区 Longhai Qu	350604
				云霄县 Yunxiao Xian	350622
				漳浦县 Zhangpu Xian	350623
				诏安县 Zhao'an Xian	350624
				东山县 Dongshan Xian	350626
		宁德 Ningde	350900	蕉城区 Jiaocheng Qu	350902
				霞浦县 Xiapu Xian	350921
				福安市 Fu'an Shi	350981
				福鼎市 Fuding Shi	350982
山 东 Shandong	370000	青岛 Qingdao	370200	市南区 Shinan Qu	370202
				市北区 Shibei Qu	370203
				黄岛区 Huangdao Qu	370211
				崂山区 Laoshan Qu	370212
				李沧区 Licang Qu	370213
				城阳区 Chengyang Qu	370214
				即墨区 Jimo Qu	370215
				胶州市 Jiaozhou Shi	370281

1-2 续表4 continued

沿海地区 Coastal Region	地区代码 Zip Code	沿海城市 Coastal City	地区代码 Zip Code	沿海地带 Coastal County (District)	地区代码 Zip Code
		东营 Dongying	370500	东营区 Dongying Qu	370502
				河口区 Hekou Qu	370503
				垦利区 Kenli Qu	370505
				利津县 Lijin Xian	370522
				广饶县 Guangrao Xian	370523
		烟台 Yantai	370600	芝罘区 Zhifu Qu	370602
				福山区 Fushan Qu	370611
				牟平区 Muping Qu	370612
				莱山区 Laishan Qu	370613
				蓬莱区 Penglai Qu	370614
				龙口市 Longkou Shi	370681
				莱阳市 Laiyang Shi	370682
				莱州市 Laizhou Shi	370683
				招远市 Zhaoyuan Shi	370685
				海阳市 Haiyang Shi	370687
		潍坊 Weifang	370700	寒亭区 Hanting Qu	370703
				寿光市 Shouguang Shi	370783
				昌邑市 Changyi Shi	370786
		威海 Weihai	371000	环翠区 Huancui Qu	371002
				文登区 Wendeng Qu	371003
				荣成市 Rongcheng Shi	371082
				乳山市 Rushan Shi	371083
		日照 Rizhao	371100	东港区 Donggang Qu	371102
				岚山区 Lanshan Qu	371103
		滨州 Binzhou	371600	沾化区 Zhanhua Qu	371603
				无棣县 Wudi Xian	371623
广 东 Guangdong	440000	广州 Guangzhou	440100	黄埔区 Huangpu Qu	440112
				番禺区 Panyu Qu	440113
				南沙区 Nansha Qu	440115

1-2 续表5 continued

沿海地区 Coastal Region	地区代码 Zip Code	沿海城市 Coastal City	地区代码 Zip Code	沿海地带 Coastal County (District)	地区代码 Zip Code
		深圳 Shenzhen	440300	福田区 Futian Qu	440304
				南山区 Nanshan Qu	440305
				宝安区 Bao'an Qu	440306
				龙岗区 Longgang Qu	440307
				盐田区 Yantian Qu	440308
		珠海 Zhuhai	440400	香洲区 Xiangzhou Qu	440402
				斗门区 Doumen Qu	440403
				金湾区 Jinwan Qu	440404
		汕头 Shantou	440500	龙湖区 Longhu Qu	440507
				金平区 Jinping Qu	440511
				濠江区 Haojiang Qu	440512
				潮阳区 Chaoyang Qu	440513
				潮南区 Chaonan Qu	440514
				澄海区 Chenghai Qu	440515
				南澳县 Nan'ao Xian	440523
		江门 Jiangmen	440700	新会区 Xinhui Qu	440705
				台山市 Taishan Shi	440781
				恩平市 Enping Shi	440785
		湛江 Zhanjiang	440800	赤坎区 Chikan Qu	440802
				霞山区 Xiashan Qu	440803
				坡头区 Potou Qu	440804
				麻章区 Mazhang Qu	440811
				遂溪县 Suixi Xian	440823
				徐闻县 Xuwen Xian	440825
				廉江市 Lianjiang Shi	440881
				雷州市 Leizhou Shi	440882
				吴川市 Wuchuan Shi	440883
		茂名 Maoming	440900	电白区 Dianbai Qu	440904
		惠州 Huizhou	441300	惠阳区 Huiyang Qu	441303
				惠东县 Huidong Xian	441323
		汕尾 Shanwei	441500	城　区 Chengqu	441502
				海丰县 Haifeng Xian	441521
				陆丰市 Lufeng Shi	441581

1-2 续表6 continued

沿海地区 Coastal Region	地区代码 Zip Code	沿海城市 Coastal City	地区代码 Zip Code	沿海地带 Coastal County (District)	地区代码 Zip Code
		阳江 Yangjiang	441700	江城区 Jiangcheng Qu	441702
				阳东区 Yangdong Qu	441704
				阳西县 Yangxi Xian	441721
		东莞 Dongguan	441900		
		中山 Zhongshan	442000		
		潮州 Chaozhou	445100	饶平县 Raoping Xian	445122
		揭阳 Jieyang	445200	榕城区 Rongcheng Qu	445202
				惠来县 Huilai Xian	445224
广 西 Guangxi	450000	北海 Beihai	450500	海城区 Haicheng Qu	450502
				银海区 Yinhai Qu	450503
				铁山港区 Tieshangang Qu	450512
				合浦县 Hepu Xian	450521
		防城港 Fangchenggang	450600	港口区 Gangkou Qu	450602
				防城区 Fangcheng Qu	450603
				东兴市 Dongxing Shi	450681
		钦州 Qinzhou	450700	钦南区 Qinnan Qu	450702
海 南 Hainan	460000	海口 Haikou	460100	秀英区 Xiuying Qu	460105
				龙华区 Longhua Qu	460106
				美兰区 Meilan Qu	460108
		三亚 Sanya	460200	海棠区 Haitang Qu	460202
				吉阳区 Jiyang Qu	460203
				天涯区 Tianya Qu	460204
				崖州区 Yazhou Qu	460205
		三沙 Sansha	460300	西沙区 Xisha Qu	
				南沙区 Nansha Qu	
		儋州 Danzhou	460400		
		省直辖县 Counties Directly Under the Hainan Province Government	469000	琼海市 Qionghai Shi	469002
				文昌市 Wenchang Shi	469005
				万宁市 Wanning Shi	469006
				东方市 Dongfang Shi	469007
				澄迈县 Chengmai Xian	469023
				临高县 Lingao Xian	469024
				昌江黎族自治县 Changjiang Lizu Zizhixian	469026
				乐东黎族自治县 Ledong Lizu Zizhixian	469027
				陵水黎族自治县 Lingshui Lizu Zizhixian	469028

1-3 海洋资源情况
Marine Resources

指　标	Item	指标值 Data
海岸线总长度（万千米）	Total Length of Coastline (10000 km)	约3.2 About 3.2
大陆岸线长度	Length of Continental Coastline	约1.8 About 1.8
岛屿岸线长度	Length of Insular Coastline	约1.4 About 1.4
海岛数量（个）	Number of Islands (unit)	11000余 More than 11000
有居民海岛数量	Number of Inhabited Islands	489

1-4 沿海地区湿地面积（2021年）
Area of Wetlands by Coastal Regions (2021)

单位：万公顷 (10000 hm^2)

地　区 Region	湿地总面积 Total Area of Wetlands	沿海滩涂 Coastal Tidal Flat	红树林地 Mangrove
全国总计 National Total	**2360.96**	**150.28**	**2.74**
天　津 Tianjin	3.28	1.70	0.00
河　北 Hebei	14.05	6.30	0.00
辽　宁 Liaoning	29.56	13.63	0.00
上　海 Shanghai	7.21	3.05	0.00
江　苏 Jiangsu	40.89	38.24	0.00
浙　江 Zhejiang	16.14	15.11	0.01
福　建 Fujian	18.72	17.35	0.13
山　东 Shandong	24.68	19.89	0.00
广　东 Guangdong	17.84	14.89	1.06
广　西 Guangxi	12.63	9.54	0.96
海　南 Hainan	12.12	10.59	0.57

注：数据来源于2021年度全国国土变更调查。
Note: The data come from the National Land Change Survey 2021.

1-5 沿海地区水资源情况（2021年）
Water Resources by Coastal Regions (2021)

地 区 Region	水资源总量（亿立方米） Total Water Resources (100 million m^3)	地表水资源量 Surface Water Resources	地下水资源量 Groundwater Resources	地表水与地下水资源重复量 Overlapped Measurement Between Surface Water and Groundwater	人均水资源量（立方米/人） Per Capita Water Resources (m^3/person)
全国总计 National Total	**29638.2**	**28310.5**	**8195.7**	**6868.0**	**2098.5**
天 津 Tianjin	39.8	30.5	11.0	1.7	288.4
河 北 Hebei	376.6	227.6	220.2	71.2	505.1
辽 宁 Liaoning	511.7	460.0	150.8	99.1	1206.3
上 海 Shanghai	53.9	45.6	11.2	2.9	216.6
江 苏 Jiangsu	500.8	442.5	135.3	77.0	589.8
浙 江 Zhejiang	1344.7	1323.3	261.8	240.4	2067.5
福 建 Fujian	758.7	757.3	238.7	237.3	1817.7
山 东 Shandong	525.3	381.8	237.7	94.2	516.6
广 东 Guangdong	1221.2	1211.3	301.3	291.4	965.1
广 西 Guangxi	1541.2	1540.5	349.2	348.5	3065.2
海 南 Hainan	341.6	334.9	92.9	86.2	3362.2

注：数据来源于《中国统计年鉴2022》。

Note: The data come from the *China Statistical Yearbook 2022.*

1-6 主要沿海城市气候基本情况（2021年）
Climate of Major Coastal Cities (2021)

城 市 City	年平均气温 （摄氏度） Annual Average Air Temperature (℃)	年平均相对湿度 （%） Annual Average Relative Humidity (%)	全年降水量 （毫米） Annual Precipitation (mm)	全年日照时数 （小时） Annual Sunshine Hours (h)
天 津 Tianjin	13.6	61	913.9	2475.1
大 连 Dalian	12.3	65	799.5	2242.0
上 海 Shanghai	18.1	77	1386.3	2051.1
杭 州 Hangzhou	18.8	71	1936.8	1842.9
福 州 Fuzhou	21.8	74	1486.6	1756.4
青 岛 Qingdao	14.3	71	847.0	2210.7
广 州 Guangzhou	22.9	76	1523.1	1955.0
海 口 Haikou	25.1	81	1909.2	1942.6

注：数据来源于《中国统计年鉴2022》。

Note: The data come from the *China Statistical Yearbook 2022*.

主要统计指标解释

1. 沿海地区　是指有海岸线（大陆岸线和岛屿岸线）的地区，按行政区划分为沿海省、自治区、直辖市。

2. 沿海城市　是指有海岸线的直辖市和地级市（包括其下属的全部区、县和县级市）。

3. 沿海地带　是指有海岸线的县、县级市、区（包括直辖市和地级市的区）。

4. 海洋　是海和洋的统称。洋为地球表面上相连接的广大咸水水体的主体部分。海为地球表面相连接的广大咸水水体被陆地、岛礁、半岛包围或分隔的边缘部分。

5. 水资源总量　指当地降水形成的地表和地下产水总量，即地表径流量与降水入渗补给量之和。

6. 地表水资源量　指河流、湖泊以及冰川等地表水体中可以逐年更新的动态水量，即天然河川径流量。

7. 地下水资源量　指地下饱和含水层逐年更新的动态水量，即降水和地表水入渗对地下水的补给量。

8. 地表水与地下水资源重复量　指地表水和地下水相互转化的部分，即天然河川径流量中的地下水排泄量和地下水补给量中来源于地表水的入渗补给量。

9. 湿地　指陆地和水域的交汇处，水位接近或处于地表面，或有浅层积水，且处于自然状态的土地。

10. 沿海滩涂　指沿海大潮高潮位与低潮位之间的潮浸地带，包括海岛的滩涂，不包括已利用的滩涂。

11. 红树林地　指沿海生长红树植物的土地，包括红树林苗圃。

12. 平均气温　指空气的温度，我国一般以摄氏度为单位表示。气象观测的温度表是放在离地面约1.5米处通风良好的百叶箱里测量的，因此，通常说的气温指的是离地面1.5米处百叶箱中的温度。计算方法：月平均气温是将全月各日的平均气温相加，除以该月的天数而得。年平均气温是将12个月的月平均气温累加后除以12而得。

13. 平均相对湿度　指空气中实际水气压与当时气温下的饱和水气压之比。其统计方法与气温相同。

14. 降水量　指从天空降落到地面的液态或固态（经融化后）水，未经蒸发、渗透、流失而在地面上积聚的深度。计算方法：月降水量是将全月各日的降水量累加而得。年降水量是将12个月的月降水量累加而得。

15. 日照时数　指太阳实际照射地面的时数，通常以小时为单位表示。其统计方法与降水量相同。

Explanatory Notes on Main Statistical Indicators

1. Coastal Region refers to the regions with coastlines (continental and island coastlines), which are divided into the coastal provinces, autonomous regions and municipalities directly under the Central Government according to the administrative zoning.

2. Coastal City refers to the municipalities directly under the Central Government and the prefecture-level cities (including all the districts, counties and county-level cities under them).

3. Coastal County (District) refers to the counties, county-level cities and districts with coastlines (including the districts under the municipalities directly under the Central Government and the prefecture-level districts).

4. Ocean is the general name for sea and ocean. Ocean refers to the main body of large salt water connected with the earth surface. Sea refers to the edge areas of the salt water on the earth surface that are compartmentalized or surrounded by land, island, reef or peninsula.

5. Total Water Resources refers to total volume of surface water and groundwater which is from the local precipitation and is measured as the summation of run-off for surface water and recharge of groundwater from local precipitation.

6. Surface Water Resources refers to total volume of year renewable water flow which exist in rivers, lakes, glaciers and other surface water, and that measured as the natural run-off of rivers.

7. Groundwater Resources refers to total volume of yearly renewable water flow which exist in saturation aquifers of groundwater, and are measured as recharge of groundwater from local precipitation and surface water.

8. Overlapped Measurement between Surface Water and Groundwater refers to the part of mutual transfer between surface water and groundwater, i.e. which is the run-off of rivers includes some depletion into groundwater while groundwater includes recharge from surface water.

9. Wetland refers to the land at the intersection of land and water, where the water level is close to or on the ground surface or there is shallow ponding, and which is in a natural state.

10. Coastal Tidal Flat refers to the tidal zone between the high tide level and low tide level of coastal spring tide, including the tidal flat of island, but not the used tidal flat.

11. Mangrove Land refers to the land where mangrove plants grow along the coast, including mangrove nurseries.

12. Average Air Temperature refers to the average air temperature on a regular basis. China uses centigrade as the unit. The thermometry used for weather observation is put in a breezy shutter, which is 1.5 meters high from the ground. Therefore, the commonly used air temperature refers to the temperature in the breezy shutter 1.5 meters away from the ground. The calculation method is as follows:

Monthly average air temperature is the summation of daily average air temperatures of one month divided by the actual days of that particular month.

Annual average air temperature is the summation of monthly average air temperatures of 12 months and then divided by 12.

13. Average Relative Humidity refers to the ratio of actual water vapour pressure to the saturation water vapour pressure under the current temperature. The calculation method is the same as that of temperature.

14. Volume of Precipitation refers to the deepness of liquid state or solid state (thawed) water falling from atmosphere reaching to the Earth's surface that has not been evaporated, percolate or run off. The calculation method is as follows:

Monthly precipitation is the summation of daily precipitation of a month.

Annual precipitation is the summation of 12 months precipitation of a year.

15. Sunshine Hours refer to the actual hours of sun irradiating the earth, usually expressed in hours. The calculation method is the same as that of the precipitation.

2
海洋经济核算
Marine Economic Accounting

2-1 全国海洋生产总值
National Gross Ocean Product

年 份 Year	海洋生产总值（亿元） Gross Ocean Product (100 million yuan)				海洋生产总值占国内生产总值比重（%） Proportion of the Gross Ocean Product in GDP (%)	海洋生产总值增长速度①（%） Growth Rate of the Gross Ocean Product (%)
		第一产业 Primary Industry	第二产业 Secondary Industry	第三产业 Tertiary Industry		
2018	77070.0	3624.3	24415.5	49030.3	8.4	-
2019	83003.7	3664.9	26023.2	53315.6	8.4	7.3
2020	78462.7	3783.0	25488.4	49191.3	7.7	-4.5
2021	89521.3	4119.0	30960.5	54441.7	7.8	7.6

注：数据基于《海洋及相关产业分类》（GB/T 20794-2021）进行了修订(本部分其他表同）。
①增长速度按可比价格计算，以上年为基期(本部分其他表同）。

Note: The data are revised on the basis of the *Classification of Marine and Marine-Related Industies* (GB/T 20794-2021) (The same as in other tables).
①The data of growth rate are calculated at comparable price with the previous year as the base period (The same as in other tables).

2-2 全国海洋生产总值构成
Composition of National Gross Ocean Product

单位：% (%)

年 份 Year	海洋生产总值（亿元） Gross Ocean Product (100 million yuan)	第一产业 Primary Industry	第二产业 Secondary Industry	第三产业 Tertiary Industry
2018	100.0	4.7	31.7	63.6
2019	100.0	4.4	31.4	64.2
2020	100.0	4.8	32.5	62.7
2021	100.0	4.6	34.6	60.8

2-3 海洋及相关产业增加值
Added Values of Marine and Marine-Related Industries

单位：亿元 (100 million yuan)

年 份 Year	合 计 Total	海洋产业 Marine Industry	海洋科研教育 Marine Scientific Research and Education	海洋公共管理服务 Marine Public Management and Service	海洋上游相关产业 Upstream Marine-Related Industry	海洋下游相关产业 Downstream Marine-Related Industry
2018	77070.0	33333.6	4209.4	12050.3	10291.6	17185.1
2019	83003.7	35744.5	4693.7	13245.2	10985.4	18334.8
2020	78462.7	31403.3	5169.6	14211.6	10430.3	17247.9
2021	89521.3	36761.3	5579.4	15240.4	12578.9	19361.4

2-4 海洋及相关产业增加值构成
Composition of the Added Values of Marine and Marine-Related Industries

单位：% (%)

年 份 Year	合 计 Total	海洋产业 Marine Industry	海洋科研教育 Marine Scientific Research and Education	海洋公共管理服务 Marine Public Management and Service	海洋上游相关产业 Upstream Marine-Related Industry	海洋下游相关产业 Downstream Marine-Related Industry
2018	100.0	43.3	5.5	15.6	13.4	22.3
2019	100.0	43.1	5.7	16.0	13.2	22.1
2020	100.0	40.0	6.6	18.1	13.3	22.0
2021	100.0	41.1	6.2	17.0	14.1	21.6

2-5 全国海洋产业增加值（2021年）
Added Values of National Marine Industries (2021)

主要海洋产业 Major Marine Industry	增加值 （亿元） Added Value (100 million yuan)	增长速度 （%） Growth Rate (%)
合计 Total	**36761.3**	**8.8**
海洋渔业 Marine Fishery Industry	4116.8	4.4
沿海滩涂种植业 Coastal Tidal-Land Planting Industry	2.2	-1.8
海洋水产品加工业 Marine Aquatic Products Processing Industry	910.2	0.6
海洋油气业 Offshore Oil and Gas Industry	1617.9	6.4
海洋矿业 Marine Mining Industry	186.0	2.8
海洋盐业 Sea Salt Industry	40.6	-3.8
海洋船舶工业 Marine Shipbuilding Industry	870.3	6.2
海洋工程装备制造业 Marine Engineering Equipment Manufacturing Industry	742.7	29.6
海洋化工业 Marine Chemical Industry	3905.5	9.5
海洋药物和生物制品业 Marine Pharmaceutical and Biological Products Industry	694.8	20.9
海洋工程建筑业 Marine Engineering Architecture Industry	1892.7	3.5
海洋电力业 Marine Electric Power Industry	327.2	37.9
海水淡化与综合利用业 Seawater Desalination and Comprehensive	313.1	5.5
海洋交通运输业 Marine Communications and Transportation Industry	6979.6	10.3
海洋旅游业 Marine Tourism	14161.7	9.2

2-6 海洋渔业增加值
Added Value of Marine Fishery Industry

单位：亿元 (100 million yuan)

年　份 Year	增加值（亿元） Added Value (100 million yuan)	增长速度（%） Growth Rate (%)
2018	3622.2	-
2019	3662.7	2.2
2020	3780.7	5.4
2021	4116.8	4.4

2-7 沿海滩涂种植业增加值
Added Value of Coastal Tidal-Land Planting Industry

单位：亿元 (100 million yuan)

年　份 Year	增加值（亿元） Added Value (100 million yuan)	增长速度（%） Growth Rate (%)
2018	2.1	-
2019	2.1	1.6
2020	2.2	4.9
2021	2.2	-1.8

2-8 海洋水产品加工业增加值
Added Value of Marine Aquatic Products Processing Industry

单位：亿元 (100 million yuan)

年　份 Year	增加值（亿元） Added Value (100 million yuan)	增长速度（%） Growth Rate (%)
2018	938.8	-
2019	958.3	0.2
2020	923.4	-5.1
2021	910.2	0.6

2-9 海洋油气业增加值
Added Value of Offshore Oil and Gas Industry

单位：亿元 (100 million yuan)

年　份 Year	增加值（亿元） Added Value (100 million yuan)	增长速度（%） Growth Rate (%)
2018	1476.5	-
2019	1532.9	3.0
2020	1157.2	7.2
2021	1617.9	6.4

2-10 海洋矿业增加值
Added Value of Marine Mining Industry

单位：亿元 (100 million yuan)

年 份 Year	增加值（亿元） Added Value (100 million yuan)	增长速度（%） Growth Rate (%)
2018	173.8	-
2019	181.9	-4.9
2020	185.9	-11.8
2021	186.0	2.8

2-11 海洋盐业增加值
Added Value of Sea Salt Industry

单位：亿元 (100 million yuan)

年 份 Year	增加值（亿元） Added Value (100 million yuan)	增长速度（%） Growth Rate (%)
2018	36.2	-
2019	33.9	-5.5
2020	32.5	3.2
2021	40.6	-3.8

2-12 海洋船舶工业增加值
Added Value of Marine Shipbuilding Industry

单位：亿元 (100 million yuan)

年　份 Year	增加值（亿元） Added Value (100 million yuan)	增长速度（%） Growth Rate (%)
2018	727.7	-
2019	778.9	6.2
2020	823.8	5.0
2021	870.3	6.2

2-13 海洋工程装备制造业增加值
Added Value of Marine Engineering Equipment Manufacturing Industry

单位：亿元 (100 million yuan)

年　份 Year	增加值（亿元） Added Value (100 million yuan)	增长速度（%） Growth Rate (%)
2018	494.0	-
2019	534.7	7.4
2020	573.0	6.4
2021	742.7	29.6

2-14 海洋化工业增加值
Added Value of Marine Chemical Industry

单位：亿元 (100 million yuan)

年 份 Year	增加值（亿元） Added Value (100 million yuan)	增长速度（%） Growth Rate (%)
2018	2726.1	-
2019	2887.5	10.0
2020	2884.7	11.5
2021	3905.5	9.5

注：自2006年起，部分地区统计产品品种增加。

2-15 海洋药物和生物制品业增加值
Added Value of Marine Pharmaceutical and Biological Products Industry

单位：亿元 (100 million yuan)

年 份 Year	增加值（亿元） Added Value (100 million yuan)	增长速度（%） Growth Rate (%)
2018	519.0	
2019	569.6	7.9
2020	577.0	0.7
2021	694.8	20.9

2-16 海洋工程建筑业增加值
Added Value of Marine Engineering Construction Industry

单位：亿元　　(100 million yuan)

年　份 Year	增加值（亿元） Added Value (100 million yuan)	增长速度（%） Growth Rate (%)
2018	1668.7	-
2019	1696.3	-1.1
2020	1698.1	0.9
2021	1892.7	3.5

2-17 海洋电力业增加值
Added Value of Marine Electric Power Industry

单位：亿元　　(100 million yuan)

年　份 Year	增加值（亿元） Added Value (100 million yuan)	增长速度（%） Growth Rate (%)
2018	196.2	-
2019	218.7	12.4
2020	236.9	10.4
2021	327.2	37.9

2-18 海水淡化与综合利用业增加值
Added Value of Seawater Desalination and Comprehensive Utilization Industry

单位：亿元 (100 million yuan)

年　份 Year	增加值（亿元） Added Value (100 million yuan)	增长速度（%） Growth Rate (%)
2018	242.9	-
2019	268.6	8.3
2020	293.6	9.2
2021	313.1	5.5

2-19 海洋交通运输业增加值
Added Value of Marine Communications and Transport Industry

单位：亿元 (100 million yuan)

年　份 Year	增加值（亿元） Added Value (100 million yuan)	增长速度（%） Growth Rate (%)
2018	5082.4	-
2019	5172.0	3.8
2020	5449.0	5.6
2021	6979.6	10.3

2-20 海洋旅游业增加值
Added Value of Marine Tourism

单位：亿元 (100 million yuan)

年　份 Year	增加值（亿元） Added Value (100 million yuan)	增长速度（%） Growth Rate (%)
2018	15426.8	-
2019	17246.4	9.8
2020	12785.4	-26.7
2021	14161.7	9.2

2-21 分地区海洋生产总值（2021年）
Gross Ocean Product by Regions (2021)

地 区 Region	海洋生产总值（亿元） Gross Ocean Product (100 million yuan)	第一产业 Primary Industry	第二产业 Secondary Industry	第三产业 Tertiary Industry	海洋生产总值占地区生产总值比重（%） Proportion of the Gross Ocean Product in the Gross Regional Product（%）
合 计 Total	**89521.3**	**4119.0**	**30960.5**	**54441.7**	**7.8**
天 津 Tianjin	5174.9	9.1	2145.2	3020.7	33.0
河 北 Hebei	2743.8	152.7	1071.7	1519.5	6.8
辽 宁 Liaoning	4450.6	365.8	1583.9	2500.9	16.1
上 海 Shanghai	9621.3	8.2	2612.9	7000.3	22.0
江 苏 Jiangsu	8422.7	281.6	3500.1	4641.1	7.2
浙 江 Zhejiang	9841.2	523.8	3741.3	5576.1	13.3
福 建 Fujian	10841.5	796.6	3822.2	6222.8	21.9
山 东 Shandong	15154.4	896.4	6613.4	7644.5	18.3
广 东 Guangdong	17114.5	533.1	5019.2	11562.2	13.7
广 西 Guangxi	2204.6	230.1	634.7	1339.8	8.7
海 南 Hainan	1989.5	288.9	131.1	1569.4	30.6
其 他 Other	1962.2	32.7	85.0	1844.4	0.4

注：地区生产总值数据来源于国家统计局官方网站。

Note: The data of the Gross Regional Product come from the official website of the National Bureau of Statistics.

2-22 分地区海洋生产总值构成（2021年）
Composition of Gross Ocean Product by Regions (2021)

单位：%　　　(%)

地　区 Region	海洋生产总值 Gross Ocean Product	第一产业 Primary Industry	第二产业 Secondary Industry	第三产业 Tertiary Industry
合　计 **Total**	**100.0**	**4.6**	**34.6**	**60.8**
天　津 Tianjin	100.0	0.2	41.5	58.4
河　北 Hebei	100.0	5.6	39.1	55.4
辽　宁 Liaoning	100.0	8.2	35.6	56.2
上　海 Shanghai	100.0	0.1	27.2	72.8
江　苏 Jiangsu	100.0	3.3	41.6	55.1
浙　江 Zhejiang	100.0	5.3	38.0	56.7
福　建 Fujian	100.0	7.3	35.3	57.4
山　东 Shandong	100.0	5.9	43.6	50.4
广　东 Guangdong	100.0	3.1	29.3	67.6
广　西 Guangxi	100.0	10.4	28.8	60.8
海　南 Hainan	100.0	14.5	6.6	78.9
其　他 Other	100.0	1.7	4.3	94.0

2-23 分地区海洋及相关产业增加值（2021年）
Added Values of Marine and Related Industries by Regions (2021)

单位：亿元 (100 million yuan)

年 份 Year	合 计 Total	海洋产业 Marine Industry	海洋科研教育 Marine Scientific Research and Education	海洋公共管理服务 Marine Public Management and Service	海洋上游相关产业 Upstream Marine-Related Industry	海洋下游相关产业 Downstream Marine-Related Industry
合 计 Total	**89521.3**	**36761.3**	**5579.4**	**15240.4**	**12578.9**	**19361.4**
天 津 Tianjin	5174.9	2691.5	135.2	181.4	561.0	1605.8
河 北 Hebei	2743.8	1337.0	137.8	328.2	404.0	536.9
辽 宁 Liaoning	4450.6	2291.4	149.9	718.1	561.7	729.5
上 海 Shanghai	9621.3	2745.6	361.5	2360.1	1945.6	2208.5
江 苏 Jiangsu	8422.7	3262.8	511.5	1336.1	1732.8	1579.6
浙 江 Zhejiang	9841.2	4610.4	286.7	1468.6	857.2	2618.2
福 建 Fujian	10841.5	4860.7	240.7	1356.0	1858.3	2525.8
山 东 Shandong	15154.4	6634.0	827.3	1896.2	2173.3	3623.7
广 东 Guangdong	17114.5	6060.1	934.6	5126.1	2182.6	2811.0
广 西 Guangxi	2204.6	1082.0	109.4	199.7	256.0	557.5
海 南 Hainan	1989.5	1068.1	40.3	269.9	46.3	564.9
其 他 Other	1962.2	117.7	1844.4			

2-24 分地区海洋及相关产业增加值构成（2021年）
Composition of the Added Values of Marine and Related Industries by Regions (2021)

单位：% (%)

年 份 Year	合 计 Total	海洋产业 Marine Industry	海洋科研教育 Marine Scientific Research and Education	海洋公共管理服务 Marine Public Management and Service	海洋上游相关产业 Upstream Marine-Related Industry	海洋下游相关产业 Downstream Marine-Related Industry
合 计 Total	**100.0**	**41.1**	**6.2**	**17.0**	**14.1**	**21.6**
天 津 Tianjin	100.0	52.0	2.6	3.5	10.8	31.0
河 北 Hebei	100.0	48.7	5.0	12.0	14.7	19.6
辽 宁 Liaoning	100.0	51.5	3.4	16.1	12.6	16.4
上 海 Shanghai	100.0	28.5	3.8	24.5	20.2	23.0
江 苏 Jiangsu	100.0	38.7	6.1	15.9	20.6	18.8
浙 江 Zhejiang	100.0	46.8	2.9	14.9	8.7	26.6
福 建 Fujian	100.0	44.8	2.2	12.5	17.1	23.3
山 东 Shandong	100.0	43.8	5.5	12.5	14.3	23.9
广 东 Guangdong	100.0	35.4	5.5	30.0	12.8	16.4
广 西 Guangxi	100.0	49.1	5.0	9.1	11.6	25.3
海 南 Hainan	100.0	53.7	2.0	13.6	2.3	28.4
其 他 Other	100.0	6.0	94.0			

主要统计指标解释

1. 海洋经济　是开发、利用和保护海洋的各类产业活动，以及与之相关联活动的总和。依据《海洋及相关产业分类》（GB/T 20794-2021），将海洋经济活动划分为海洋产业、海洋科研教育、海洋公共管理服务、海洋上游相关产业和海洋下游相关产业。

2. 海洋生产总值　是海洋经济生产总值的简称，指按市场价格计算的我国常住单位在一定时期内海洋经济活动的最终成果，是各海洋及相关产业增加值之和。

3. 海洋产业　包括海洋渔业、沿海滩涂种植业、海洋水产品加工业、海洋油气业、海洋矿业、海洋盐业、海洋船舶工业、海洋工程装备制造业、海洋化工业、海洋药物和生物制品业、海洋工程建筑业、海洋电力业、海水淡化与综合利用业、海洋交通运输业、海洋旅游业。

4. 海洋科研教育　包括海洋科学研究和海洋教育。

5. 海洋公共管理服务　包括海洋管理，海洋社会团体、基金与国际组织，海洋技术服务，海洋信息服务，海洋生态环境保护修复、海洋地质勘查。

6. 海洋上游相关产业　包括涉海设备制造和涉海材料制造。

7. 海洋下游相关产业　包括涉海产品再加工、涉海产品批发与零售和涉海经营服务。

8. 海洋三次产业　我国的海洋三次产业划分依据《海洋及相关产业分类》（GB/T 20794-2021）。

9. 海洋渔业　包括海水养殖、海洋捕捞、海洋渔业专业及辅助性活动。

10. 沿海滩涂种植业　指在沿海滩涂种植农作物、林木的活动，以及为农作物、林木生产提供的相关服务活动。

11. 海洋水产品加工业　指以海水经济动植物为主要原料加工制成食品或其他产品的生产活动。

12. 海洋油气业　指在海洋中勘探、开采、输送、加工原油和天然气的生产和服务活动。

13. 海洋矿业　指采选海洋矿产的活动，包括海岸带矿产资源采选、海底矿产资源采选，不包括海洋石油和天然气资源的开采活动。

14. 海洋盐业　指利用海水（含沿海浅层地下卤水）生产以氯化钠为主要成分的盐产品的活动。

15. 海洋船舶工业　包括海洋船舶制造、海洋船舶改装拆除与修理、海洋船舶配套设备制造、海洋航标器材制造等活动。不包括海洋工程类船舶、海洋科考船、海洋调查船制造和修理活动。

16. 海洋工程装备制造业　指人类开发、利用和保护海洋活动中使用的工程装备和辅助装备的制造活动，包括海洋矿产资源勘探开发装备、海洋油气资源勘探开发装备、海洋风能与可再生能源开发利用装备、海水淡化与综合利用装备、海洋生物资源利用装备、海洋信息装备、海洋工程通用装备等海洋工程装备的制造及修理活动。

17. 海洋化工业　指利用海盐、海洋石油、海藻等海洋原材料生产化工产品的活动。

18. 海洋药物和生物制品业　指以海洋生物（包括其代谢产物）和矿物等物质为原料，生产药物、功能性食品以及生物制品的活动。

19. 海洋工程建筑业　指用于海洋开发、利用、保护等用途的工程建筑施工及其准备活动。

20. 海洋电力业　指利用海洋风能、海洋能等可再生能源进行的电力生产活动。
21. 海水淡化与综合利用业　包括海水淡化、海水直接利用和海水化学资源利用等活动。
22. 海洋交通运输业　指以船舶为主要工具从事海洋运输以及为海洋运输提供服务的活动。
23. 海洋旅游业　指以亲海为目的，开展的观光游览、休闲娱乐、度假住宿和体育运动等活动。

Explanatory Notes on Main Statistical Indicators

1. Marine Economy is the summation of various types of industrial activities for developing, utilizing and protecting the ocean as well as the activities associated therewith. According to the Classification of Marine and Marine-related Industries (GB/T 20794-2021), marine economic activities are divided into marine industry, marine scientific research and education, marine public management and service, upstream marine-related industry and downstream marine-related industry.

2. Gross Ocean Product is the short form of the gross output value of marine economy, referring to the final result of marine economic activities of the permanent residence units in the coastal region within a given period calculated at the market price, and the sum total of the added values of the marine and marine-related industries.

3. Marine industry includes marine fishery, coastal tidal-land planting industry, marine aquatic products processing industry, offshore oil and gas industry, marine mining industry, sea salt industry, marine shipbuilding industry, marine engineering equipment manufacturing industry, marine chemical industry, marine pharmaceutical and biological products industry, marine engineering construction industry, marine electric power industry, seawater desalination and comprehensive utilization industry, marine communications and transport industry and marine tourism.

4. Marine Scientific Research and Education includes marine scientific research and marine education.

5. Marine Public Management and Service includes marine management, marine social groups, foundations and international organizations, marine technological service, marine information service, marine ecological environment protection and restoration and ocean geological prospecting.

6. Upstream Marine-Related Industry includes marine equipment manufacturing and marine material manufacturing.

7. Downstream Marine-Related Industry includes reprocessing, wholesale and retail marine-related product, and marine business service.

8. Marine Three Industries China's marine three industries are divided on the basis of the classfication of Marine and Marine-Related Industries (GB/T 20794-2021).

9. Marine Fishery includes mariculture, marine fishing, professional and auxiliary activities in marine fisheries.

10. Coastal Tidal-Land Planting Industry refers to the activities of planting crops and trees in the coastal tidal land, as well as the related service activities provided for the production of crops and trees.

11. Marine Aquatic Product Processing Industry refers to the production activity of using marine economic animals and plants as main raw materials to process them into food or other products.

12. Offshore Oil and Gas Industry refers to the production and service activities of exploring, extracting, transporting, and processing crude oil and natural gas in the ocean.

13. Marine Mining Industry refers to the activities of extracting and dressing marine minerals, including the extraction and dressing of coastal mineral resources and seabed mineral resources, but not the extraction of marine oil and natural gas resources.

14. Sea Salt Industry refers to the activity of using seawater (including coastal shallow underground brine) to produce salt products mainly composed of sodium chloride.

15. Marine Shipbuilding Industry includes activities such as marine ships building, marine ships modification, dismantling and repair, marine ships supporting equipment manufacturing, and marine aids to navigation equipment manufacturing, but not the manufacturing and repair activities for ocean engineering ships, ocean scientific research vessels and ocean survey vessels.

16. Marine Engineering Equipment Manufacturing Industry refers to the manufacturing activities for engineering equipment and auxiliary equipment used in man's activities of developing, utilizing and protecting the ocean, including the activities of manufacuring and repairing marine engineering equipments such as marine mineral resources exploration and development equipment, offshore oil and gas resource exploration and development equipment, marine wind and renewable energy resources development and utilization equipment, seawater desalination and comprehensive utilization equipment, marine biological resource utilization equipment, marine information equipment and general equipment for marine engineering.

17. Marine Chemical Industry refers to the activity of producing chemical products by using sea salt, marine oil and seaweed as raw materials.

18. Marine Pharmaceutical and Biological Products Industry refers to the activity of producing, functional foods, and biological products by using marine organisms (including their metabolites) and minerals as raw materials.

19. Marine Engineering Construction Industry refers to the construction and preparation activities of engineering buildings used for marine development, utilization, protection, and other purposes.

20. Marine Electric Power Industry refers to the electric power production activities that utilize renewable energy sources such as ocean wind and ocean energy, etc.

21. Seawater Desalination and Comprehensive Utilization Industry includes activities such as seawater desalination, direct utilization of seawater, and utilization of seawater chemical resources.

22. Marine Communications and Transport Industry refers to the activities of using ships as the main means of transportation and providing services for marine transportation.

23. Marine Tourism refers to activities such as sightseeing, leisure and entertainment, vacation accommodation, and sports, etc. carried out for the purpose of being close to the sea.

3

主要海洋产业活动

Major Marine Industrial Activities

3-1 全国海洋水产品产量（按产品类别分）
Production of National Marine Aquatic Products (by Product Category)

单位：吨 (t)

项　目　Item	2019	2020	2021
海洋水产品产量 Production of Marine Aquatic Products	**32824954**	**33143754**	**33872434**
海水养殖产量 Mariculture Production	**20653287**	**21353076**	**22111374**
鱼　类　Fish	1605802	1749764	1843800
甲壳类　Crustacea	1743826	1775001	1854948
贝　类　Shellfish	14389727	14800800	15260697
藻　类　Algae	2538396	2615136	2714601
其　他　Others	375536	412375	437328
近海捕捞产量 Offshore Catches	**10001515**	**9474104**	**9514584**
鱼　类　Fish	6828817	6487763	6451504
甲壳类　Crustacea	1917943	1810820	1861386
贝　类　Shellfish	411943	361928	359372
藻　类　Algae	17438	21739	20285
头足类　Cephalopoda	569204	564901	585514
其　他　Others	256170	226953	236523
远洋渔业产量 Deep-sea Fishing Production	**2170152**	**2316574**	**2246476**

3-2 全国海洋水产品产量（按地区分）（2021年）
Production of National Marine Aquatic Products (by Regions) (2021)

单位：吨 (t)

地 区 Region	海洋水产品产量 Production of Marine Aquatic Products	海水养殖产量 Mariculture Production	近海捕捞产量 Offshore Catches	远洋渔业产量 Deep-sea Fishing Production
全国总计 National Total	**33872434**	**22111374**	**9514584**	**2246476**
北 京 Beijing	151885			151885
天 津 Tianjin	43331	10865	26722	5744
河 北 Hebei	783624	543151	190903	49570
辽 宁 Liaoning	3970297	3249160	475350	245787
上 海 Shanghai	159424	231	9912	149281
江 苏 Jiangsu	1306286	881128	412819	12339
浙 江 Zhejiang	4570248	1393226	2568585	608437
福 建 Fujian	7574863	5437156	1531132	606575
山 东 Shandong	7403008	5373842	1691798	337368
广 东 Guangdong	4550424	3362424	1127181	60819
广 西 Guangxi	2085282	1587196	479415	18671
海 南 Hainan	1273762	272995	1000767	

注：中国农业发展集团有限公司远洋渔业产量计入北京市远洋渔业产量中。

Note: Deep-sea fishing production of the China National Agricultural Development Group Co., Ltd. is included in that of Beijing.

3-3 沿海地区海盐产量
Output of Sea Salt by Coastal Regions

单位：万吨 (10000 t)

地　区 Region	2019	2020	2021
合　计 **Total**	**1792.2**	**1809.0**	**1677.8**
天　津 Tianjin	188.3	195.6	181.8
河　北 Hebei	337.6	330.2	319.5
辽　宁 Liaoning	96.1	93.5	74.7
江　苏 Jiangsu	80.7	75.3	3.8
浙　江 Zhejiang			
福　建 Fujian	22.5	28.0	28.0
山　东 Shandong	1055.0	1075.0	1060.5
广　东 Guangdong	7.1	6.4	5.3
海　南 Hainan	4.9	5.1	4.4

注：数据为沿海地区汇总数据。
Note: The data are collected from the coastal regions.

3-4 分地区海船完工量（2021年）
Marine Shipbuilding Completions by Regions (2021)

部门和地区 Sector and Region	海船完工量 Marine Shipbuilding Completions	
	艘 (unit)	万载重吨 (10000 DWT)
合　计　**Total**	**883**	**4000.76**
其　中: Including:		
中国船舶集团有限公司 CSSC	190	1676.90
按地区分: by Regions:		
北　京 Beijing	11	0.03
天　津 Tianjin	7	142.45
辽　宁 Liaoning	46	621.44
上　海 Shanghai	54	575.91
江　苏 Jiangsu	247	1682.27
浙　江 Zhejiang	227	325.17
安　徽 Anhui	14	21.50
福　建 Fujian	34	47.17
江　西 Jiangxi	7	0.26
山　东 Shandong	83	69.88
湖　北 Hubei	23	283.73
广　东 Guangdong	114	229.91
广　西 Guangxi	12	0.67
重　庆 Chongqing	4	0.38

3-5 沿海地区海洋货物运输量和周转量（2021年）
Maritime Freight Traffic and Ton-kilometers by Coastal Regions (2021)

单位：万吨，万吨·千米　　　　(10000 t, 10000 t-km)

地　区 Region	海洋货运量 Maritime Freight Traffic	海洋货物周转量 Maritime Freight Ton-kilometers
合　计 Total	**405095**	**978415134**
天　津 Tianjin	10159	14512595
河　北 Hebei	4800	7240009
辽　宁 Liaoning	3491	5590882
上　海 Shanghai	95443	326704422
江　苏 Jiangsu	36785	56124587
浙　江 Zhejiang	84329	96540951
福　建 Fujian	48466	87141297
山　东 Shandong	15042	26295306
广　东 Guangdong	59793	240163154
广　西 Guangxi	7594	9774785
海　南 Hainan	19282	87108742
其　他 Others	19912	21218405

3-6 沿海地区海洋旅客运输量和周转量（2021年）
Maritime Passenger Traffic and Passenger-kilometers by Coastal Regions (2021)

单位：万人，万人·千米 (10000 persons, 10000 person-km)

地 区 Region	海洋客运量 Maritime Passenger Traffic	海洋旅客周转量 Maritime Passenger-kilometers
合 计 Total	**7645**	**186580**
天 津 Tianjin	3	57
河 北 Hebei	0	0
辽 宁 Liaoning	268	18865
上 海 Shanghai	0	0
江 苏 Jiangsu	…	…
浙 江 Zhejiang	3027	39981
福 建 Fujian	676	7004
山 东 Shandong	863	37471
广 东 Guangdong	1249	40117
广 西 Guangxi	302	15060
海 南 Hainan	1256	28025

3-7 沿海港口客货吞吐量（2021年）
Volume of Passenger and Freight Handled at Coastal Seaports (2021)

单位：万吨，万人 (10000 t, 10000 persons)

地　区 Region	货物吞吐量 Cargo Handled	外　贸 Foreign Trade	旅客吞吐量 Passenger Throughput	离　港 Leaving
合　计 **Total**	**997259**	**418806**	**4652**	**2330**
天　津 Tianjin	52954	29422	0	0
河　北 Hebei	123427	32404	0	0
辽　宁 Liaoning	78768	27254	265	135
上　海 Shanghai	69827	41491	20	10
江　苏 Jiangsu	38127	16948	0	0
浙　江 Zhejiang	149010	59170	276	139
福　建 Fujian	69190	25960	273	135
山　东 Shandong	178158	99506	694	342
广　东 Guangdong	181604	66194	1849	929
广　西 Guangxi	35822	16694	9	5
海　南 Hainan	20373	3763	1265	635

3-8 沿海港口国际标准集装箱吞吐量
Volume of International Standardized Containers Handled at Coastal Seaports

单位：万标准箱，万吨 (10000 TEU, 10000 t)

地 区 Region	2019		2020		2021	
	箱 数 Number of Containers	重 量 Weight	箱 数 Number of Containers	重 量 Weight	箱 数 Number of Containers	重 量 Weight
合 计 Total	**23092**	**263989**	**23429**	**264788**	**24933**	**276003**
天 津 Tianjin	1730	19024	1835	19322	2027	20409
河 北 Hebei	413	5003	447	5535	481	4726
辽 宁 Liaoning	1689	24184	1311	17806	1135	15411
上 海 Shanghai	4330	42314	4350	43466	4703	45691
江 苏 Jiangsu	505	5068	507	5100	541	5282
浙 江 Zhejiang	3063	30576	3219	32143	3489	33400
福 建 Fujian	1726	22986	1720	22364	1746	21978
山 东 Shandong	3010	34578	3191	36866	3447	41464
广 东 Guangdong	5976	67448	6044	67487	6429	71588
广 西 Guangxi	382	7822	505	9650	601	11174
海 南 Hainan	268	4988	300	5048	334	4881

3-9 沿海城市国内旅游人数
Domestic Visitors by Coastal Cities

单位：万人・次 (10000 person-times)

城　市	City	2019	2020	2021
合　计	**Total**			
天　津	**Tianjin**	**24497**	**14124**	**17894**
河　北	**Hebei**	**17548**	**8611**	
唐　山	Tangshan	7852	4238	
秦皇岛	Qinhuangdao	7228	2680	
沧　州	Cangzhou	2468	1693	
辽　宁	**Liaoning**	**28770**	**12868**	
大　连	Dalian	10268	3985	
丹　东	Dandong	5594	1746	
锦　州	Jinzhou	3375	1310	
营　口	Yingkou	3087	2034	
盘　锦	Panjin	3595	2342	
葫芦岛	Huludao	2851	1450	
上　海	**Shanghai**	**36141**	**23606**	
江　苏	**Jiangsu**	**13154**	**6589**	**10607**
南　通	Nantong	5251	1621	4315
连云港	Lianyungang	4199	2563	3620
盐　城	Yancheng	3704	2405	2672
浙　江	**Zhejiang**	**59769**	**51217**	**18164**
宁　波	Ningbo	13947	12524	5151
温　州	Wenzhou	13670	11939	4957
嘉　兴	Jiaxing	11971	10104	3215
舟　山	Zhoushan	7025	5236	1241
台　州	Taizhou	13156	11414	3600

注：数据来源于沿海省（自治区、直辖市）统计年鉴。

Note: The data come from statistical yearbooks of coastal provinces, autonomous regions and municipalities directly under the Central Government.

3-9 续表 continued

城 市 City		2019	2020	2021
福 建	**Fujian**			
福 州	Fuzhou			
厦 门	Xiamen			
莆 田	Putian			
泉 州	Quanzhou			
漳 州	Zhangzhou			
宁 德	Ningde			
山 东	**Shandong**			
青 岛	Qingdao			
东 营	Dongying			
烟 台	Yantai			
潍 坊	Weifang			
威 海	Weihai			
日 照	Rizhao			
滨 州	Binzhou			
广 东	**Guangdong**	**36722**	**17922**	**21084**
广 州	Guangzhou	5874	3973	5727
深 圳	Shenzhen	5501	4879	6233
珠 海	Zhuhai	2263	924	962
汕 头	Shantou	2307	494	491
江 门	Jiangmen	2766	700	767
湛 江	Zhanjiang	2800	753	806
茂 名	Maoming	1546	536	557
惠 州	Huizhou	2731	1297	1367
汕 尾	Shanwei	965	501	426
阳 江	Yangjiang	1623	864	488
东 莞	Dongguan	2051	1648	1939
中 山	Zhongshan	1413	810	776
潮 州	Chaozhou	2535	280	272
揭 阳	Jieyang	2348	265	274
广 西	**Guangxi**	**13919**	**10763**	**13155**
北 海	Beihai	5279	4120	5124
防城港	Fangchenggang	3652	2767	3396
钦 州	Qinzhou	4988	3876	4635
海 南	**Hainan**	**4160**	**3342**	**4271**
海 口	Haikou	1689	1337	1683
三 亚	Sanya	2197	1740	2148
儋 州	Danzhou	275	265	440

3-10 主要沿海城市接待入境游客人数
Number of Inbound Tourists Received by Major Coastal Cities

单位：人·次 (person-time)

城　市	City	2017	2018	2019
合　计	**Total**	**47585633**	**45745849**	**89767105**
天　津	Tianjin	792094	589644	561038
秦皇岛	Qinhuangdao	153307	164910	138159
大　连	Dalian	1063938	1103100	1144020
上　海	Shanghai	7193302	7420398	7346862
南　通	Nantong	185745	195230	198539
连云港	Lianyungang	26140	28936	33803
杭　州	Hangzhou	2040369	1071638	1133143
宁　波	Ningbo	890726	840102	762032
温　州	Wenzhou	585735	555291	583884
福　州	Fuzhou	1290575	1344660	1435522
厦　门	Xiamen	2517280	1656939	1783150
泉　州	Quanzhou	1383202	1014560	940866
漳　州	Zhangzhou	610788	339346	527994
青　岛	Qingdao	1216971	1308635	1359949
烟　台	Yantai	619339	614552	568220
威　海	Weihai	414427	376604	356755
广　州	Guangzhou	9004800	9006262	28499081
深　圳	Shenzhen	12070100	12170845	33618483
珠　海	Zhuhai	3182500	3259694	5411430
汕　头	Shantou	291000	337784	376460
湛　江	Zhanjiang	372100	425728	542139
中　山	Zhongshan	661100	782893	1071240
北　海	Beihai	145410	160644	176872
海　口	Haikou	181887	261296	291186
三　亚	Sanya	692798	716158	906278

3-11 主要沿海城市接待入境游客情况（2019年）
Breakdown of Inbound Tourists Received by Major Coastal Cities (2019)

单位：人·次，人·天 (person-time, night)

城市 City		外国人 Foreigners		香港同胞 Hong Kong Compatriots	
		人次数 Arrivals	人天数 Nights	人次数 Arrivals	人天数 Nights
天　津	Tianjin	507645	3611556	22318	161670
秦皇岛	Qinhuangdao	126312	1094370	4749	34844
大　连	Dalian	976828	1772361	80143	147578
上　海	Shanghai	5991596	23367224	536046	2036975
南　通	Nantong	164350	477764	6756	15227
连云港	Lianyungang	27741	88205	981	2043
杭　州	Hangzhou	839504	2312566	106739	256361
宁　波	Ningbo	601670	1350090	63516	132938
温　州	Wenzhou	420239	963028	35990	79399
福　州	Fuzhou	855488	2821791	162012	447148
厦　门	Xiamen	874366	2606392	207453	514746
泉　州	Quanzhou	289653	848036	445353	1135325
漳　州	Zhangzhou	171949	330496	133991	307221
青　岛	Qingdao	1010371	3134525	133249	432216
烟　台	Yantai	460831	1490924	33770	101037
威　海	Weihai	322812	1190611	4459	14308
广　州	Guangzhou	10972044	11844312	13548108	11343333
深　圳	Shenzhen	2014452	4048720	31173182	31883121
珠　海	Zhuhai	713062	1547344	1875127	2539860
汕　头	Shantou	176864	537667	179932	475020
湛　江	Zhanjiang	282747	451408	210617	367916
中　山	Zhongshan	175666	397005	672053	1110463
北　海	Beihai	93634	200662	49635	98332
海　口	Haikou	193201	313906	28063	44688
三　亚	Sanya	732729	3129998	71248	157525

3-11 续表 continued

城 市 City		澳门同胞 Macao Compatriots		台湾同胞 Taiwan Compatriots	
		人次数 Arrivals	人天数 Nights	人次数 Arrivals	人天数 Nights
天 津	Tianjin	2650	20175	28425	225638
秦皇岛	Qinhuangdao	162	1460	6936	40624
大 连	Dalian	2484	5458	84565	150153
上 海	Shanghai	31939	124562	787281	3149124
南 通	Nantong	435	923	26998	88543
连云港	Lianyungang	119	248	4962	19853
杭 州	Hangzhou	11269	25153	175631	397040
宁 波	Ningbo	7498	16466	89348	175916
温 州	Wenzhou	8141	30965	119513	257189
福 州	Fuzhou	59380	135814	358642	987214
厦 门	Xiamen	10715	23944	690616	1601324
泉 州	Quanzhou	61970	130195	143890	397634
漳 州	Zhangzhou	20298	48957	201756	471904
青 岛	Qingdao	48891	152903	167438	525738
烟 台	Yantai	19577	46826	54041	173728
威 海	Weihai	1271	3843	28213	84653
广 州	Guangzhou	1819252	1446945	2159677	1893080
深 圳	Shenzhen	59148	153356	371701	1137632
珠 海	Zhuhai	1980664	1980664	842577	1779017
汕 头	Shantou	2939	8229	16725	49339
湛 江	Zhanjiang	16393	18307	32382	42489
中 山	Zhongshan	128121	211246	95400	191744
北 海	Beihai	13717	30707	19886	42887
海 口	Haikou	3581	5363	66341	101746
三 亚	Sanya	10221	22491	92080	199018

主要统计指标解释

1. 海洋捕捞产量 指国内海域捕捞的天然生长的水产品产量，不包括远洋渔业产量。

2. 海水养殖产量 指从人工投放苗种或天然纳苗并进行人工饲养管理的海水养殖水域中捕捞的水产品产量。

3. 远洋渔业产量 由各远洋渔业企业和各生产单位按我国远洋渔业项目管理办法组织的远洋渔船（队）在非我国管辖海域（外国专属经济区水域或公海）捕捞的水产品产量。中外合资、合作渔船捕捞的水产品只统计按协议应属于中方所有的部分。

4. 海盐产量 指报告期内以海水（含沿海浅层地下卤水）为原料经晒制而成的以氯化钠为主要成分的产品，并经验收后符合质量标准的合格产量。

5. 货运量 指经船舶实际运送的货物重量。

6. 货物周转量 指船舶实际运送的每批货物重量与其运送距离的乘积之和。

7. 客运量 指经船舶实际运送的旅客人数。

8. 旅客周转量 指经船舶实际运送的每位旅客与该旅客运送距离的乘积之和。

9. 国际标准集装箱吞吐量 经由水路进、出沿海港区范围并经过装卸的集装箱数量。

10. 入境旅游人次数 指报告期内，外国人、港澳台同胞等游客在中国（大陆）旅游目的地观光游览、休闲度假、探亲访友、保健疗养、购物娱乐、学习交流、会议培训或开展经济、文化、体育、宗教等旅游活动的人数。

11. 入境旅游人天数 指报告期内，外国人、港澳台同胞等游客在中国（大陆）旅游目的地停留的日历天数。

12. 外国人 指外国国籍的人，加入外籍的中国血统华人也计入外国人。

13. 港澳台同胞 指居住在我国香港特别行政区、澳门特别行政区和台湾省的中国同胞。

Explanatory Notes on Main Statistical Indicators

1. Marine Catches refers to the output of marine natural aquatic products caught in the domestic sea area, excluding the output of deep-sea fishing production.

2. Mariculture Production refers to the output of aquatic products whose young are artificially released or naturally collected, and raised and managed artificially, and which are caught from the waters of mariculture.

3. Deep-Sea Fishing Production refers to the output of aquatic products caught in the non-Chinese jurisdictional sea areas (foreign EEZ or high sea) by the distant fishing vessels (fleet) organized by various distant fishing businesses and production units according to the management measures for the China distant fishing projects. The aquatic products caught by the Chinese-foreign joint ventures' and cooperative fishing vessels are counted only for the part owned by the Chinese side according to the agreement.

4. Output of Sea Salt refers to the qualified output of the product with sodium chloride as the main component, which is made from seawater (including coastal shallow underground brine) as raw material and meets the quality standard after acceptance during the reporting period.

5. Freight Traffic refers to the weight of freight actually transported by vessels.

6. Freight Ton-kilometers refers to the product sum of the weight of each batch of cargoes actually transported by vessels multiplied by its transport distance.

7. Passenger Traffic refers to the number of passengers actually transported by vessels.

8. Passenger-kilometers refers to the product sum of each of the passengers actually transported by vessels multiplied by the transport distance of this passenger.

9. Volume of International Standardized Containers Handled refers to the number of loaded and unloaded containers that enter and leave the coastal seaports area.

10. Number of Inbound Tourist Person-Times refers to the number of tourists such as foreigners and Hong Kong, Macao and Taiwan compatriots, etc. who carry out tourist activities such as sightseeing, going on vocation, visiting relatives and friends, health care and recuperation, shopping and entertainment, learning and exchange, meetings and training or other activities for economic, cultural, sports, religious purpose in the China (mainland) tourist destinations in the period reported.

11. Number of Inbound Tourist Person-Days refers to the number of calendar days for which the tourists such as foreigners and Hong Kong, Macao and Taiwan compatriots stay in the China (mainland) tourist destinations in the period reported.

12. Foreigners refers to the people with foreign nationality, including foreign nationals of Chinese descent.

13. Compatriots from Hong Kong, Macao and Taiwan Province refer to the Chinese compatriots living in the Hong Kong Special Administrative Region, the Macao Special Administrative Region and Taiwan Province.

4

主要海洋产业生产能力

Production Capacity of Major Marine Industries

4-1 沿海地区海水养殖面积
Mariculture Area by Coastal Regions

单位：公顷 (hm²)

地　区 Region	2019	2020	2021
合　计 Total	**1992177**	**1995550**	**2025512**
天　津 Tianjin	813	975	971
河　北 Hebei	107041	105341	104185
辽　宁 Liaoning	661817	650719	647606
上　海 Shanghai		266	220
江　苏 Jiangsu	179951	177629	171106
浙　江 Zhejiang	82019	82535	81466
福　建 Fujian	163713	163144	164641
山　东 Shandong	561501	580350	608376
广　东 Guangdong	164990	164719	166805
广　西 Guangxi	49822	52277	64255
海　南 Hainan	20510	17595	15881

注：数据来源于《2022中国渔业统计年鉴》。

Note: The data come from the *China Fishery Statistical Yearbook 2022.*

4-2 沿海地区盐田面积和海盐生产能力
Salt Pan Area and Sea Salt Production Capacity by Coastal Regions

地 区 Region	盐田总面积 （平方千米） Total Area of Salt Pan (km^2)		生产面积 （平方千米） Production Area (km^2)		年末海盐生产能力 （万吨） Year-End Capacity of Sea Salt Production (10000 t)	
	2020	2021	2020	2021	2020	2021
合 计 Total	**2793**	**2450**	**1930**	**1831**	**2628**	**2534**
天 津 Tianjin	262	261	235	235	161	161
河 北 Hebei	574	501	431	400	344	382
辽 宁 Liaoning	287	289	212	212	104	102
江 苏 Jiangsu	280	11	68	9	115	3
浙 江 Zhejiang						
福 建 Fujian	51	51	39	39	30	30
山 东 Shandong	1295	1283	909	907	1863	1845
广 东 Guangdong	11	10	11	10	6	5
海 南 Hainan	34	43	24	18	6	6

4-3 海上风电项目情况（2021年）
Projects of Offshore Wind Power (2021)

地 区 Region	海上风电新增项目情况 New Offshore Wind Power Projects		海上风电累计项目情况 Installed Offshore Wind Power Projects	
	新增装机数量（台） New Installed Number (unit)	新增装机容量（兆瓦） New Installed Capacity (MW)	累计装机数量（台） Cumulative Installed Number (unit)	累计装机容量（兆瓦） Cumulative Installed Capacity (MW)
合 计 Total	**2603**	**14481.5**	**5237**	**25351.6**
天 津 Tianjin	0	0.0	36	117.0
河 北 Hebei	0	0.0	75	300.0
辽 宁 Liaoning	106	628.8	203	1053.5
上 海 Shanghai	105	587.9	222	1004.9
江 苏 Jiangsu	1024	4988.9	2778	11804.8
浙 江 Zhejiang	258	1481.6	355	1888.1
福 建 Fujian	218	1302.7	409	2318.9
山 东 Shandong	117	609.2	121	624.2
广 东 Guangdong	775	4882.5	1038	6240.3

4-4 主要海洋能电站运行情况
Operation of Major Ocean Power Stations

电站名称 Name	运行情况 Status of Operation	在运行机组总装机容量①（千瓦） Total Installed Capacity of the Units in Operation (kW)	累计装机容量（千瓦） Cumulative Installed Capacity (kW)
LHD潮流能电站 LHD Tidal Power Station	2016年3月开始建设，2016年8月并网 It began construction in March 2016 and was put into use in August 2016	300	1700
海山潮汐电站 Haishan Tidal Power Station	1972年开始建造，1975年投入使用 It began construction in 1972 and was put into use in 1975	125	250
江厦潮汐试验电站 Jiangxia Experimental Tidal Power Station	1972年开始建造，1980年投入使用 It began construction in 1972 and was put into use in 1980	4100	4100

注：①截至2021年末数据。

Note: ①Data as of the end of 2021.

4-5 主要海上活动船舶（2021年）
Major Vessels Operating on the Sea (2021)

类 别 Type	艘数（艘） Number of Vessels (unit)	总吨位（总吨） Gross Tonnage (GT)	净载重量（万吨） Net Weight Tonnage (10000 t)	载客量（客位） Passenger Capacity (seat)	总功率（千瓦） Total Power (kW)
海洋机动渔船（生产渔船） Marine Motor Fishing Vessels (Production Fishing Vessels)	199005	8167417			14394883
#远洋渔船 Ocean-going Fishing Vessels	2559				2971252
海洋运输船舶 Marine Transport Vessels	12293		13755.7	263271	39104758
沿 海 Coastal	10891		8885.6	239082	24058488
远 洋 Ocean-going	1402		4870.1	24189	15046270
海洋调查船 Marine Research Vessels	56	158530		2091	247874
中国科学院 Chinese Academy of Sciences	12	28665	0.8	398	49591
自然资源部 Ministry of Natural Resources of the PRC	44	129865		1693 ①	198283

注：①数据为43艘海洋调查船的载客量合计数。

Notes: ①The data is the total passenger capacity of 43 marine research vessels.

4-6 沿海主要港口生产用码头泊位（2021年）
Berths for Productive Use at the Main Coastal Seaports (2021)

单位：米，个 (m, unit)

港口 Seaport		码头长度 Wharf Length	泊位个数 Number of Berths	
				万吨级 10000 Tons Class
合 计	**Total**	**853581**	**5169**	**2122**
丹 东	Dandong	7626	42	25
大 连	Dalian	43268	229	109
营 口	Yingkou	18875	85	61
锦 州	Jinzhou	6686	25	23
秦皇岛	Qinhuangdao	16013	73	44
黄 骅	Huanghua	10007	40	35
唐 山	Tangshan	36908	143	129
天 津	Tianjin	40973	160	127
烟 台	Yantai	38851	213	110
威 海	Weihai	12916	79	37
青 岛	Qingdao	30846	118	93
日 照	Rizhao	23698	88	77
上 海	Shanghai	76480	567	185
连云港	Lianyungang	20103	95	68
盐 城	Yancheng	11828	90	25
嘉 兴	Jiaxing	14448	112	39
宁波舟山	Ningbo Zhoushan	98307	619	198
台 州	Taizhou	15149	180	11
温 州	Wenzhou	15408	169	20

4-6 续表 continued

港 口	Seaport	码头长度 Wharf Length	泊位个数 Number of Berths	万吨级 10000 Tons Class
福 州	Fuzhou	26620	157	69
湄洲湾	Meizhouwan	13250	62	30
泉 州	Quanzhou	7402	50	10
厦 门	Xiamen	31579	161	81
汕 头	Shantou	6029	37	14
汕 尾	Shanwei	2049	17	3
惠 州	Huizhou	11383	49	27
深 圳	Shenzhen	32195	152	74
东 莞	Dongguan	17609	114	36
广 州	Guangzhou	38069	324	80
中 山	Zhongshan	2301	28	0
珠 海	Zhuhai	21202	165	34
江 门	Jiangmen	13087	142	6
阳 江	Yangjiang	2918	15	9
茂 名	Maoming	3820	20	13
湛 江	Zhanjiang	22542	149	44
北部湾	Beibuwan	40993	274	101
海 口	Haikou	9676	69	34
洋 浦	Yangpu	9979	45	32
八 所	Basuo	2488	12	9

4-7 沿海地区星级饭店基本情况（2021年）
Star Grade Hotels and Occupancies by Coastal Regions (2021)

地　区 Region	饭店数 （座） Number of Hotels (unit)	客房数 （间/套） Number of Rooms (unit)	床位数 （张） Number of Beds (unit)	客房出租率 （%） Room Occupancy (%)
合　计　Total	**3129**	**539123**	**925494**	**42.76**
天　津　Tianjin	64	12465	18173	38.63
河　北　Hebei	264	36803	62765	36.72
辽　宁　Liaoning	254	37435	62639	35.19
上　海　Shanghai	164	46537	67156	50.75
江　苏　Jiangsu	353	63517	97233	43.06
浙　江　Zhejiang	453	76545	121701	45.19
福　建　Fujian	249	43476	66623	45.97
山　东　Shandong	405	67022	183014	43.29
广　东　Guangdong	483	94818	149172	39.84
广　西　Guangxi	354	40081	64588	42.20
海　南　Hainan	86	20424	32430	49.54

4-8 沿海地区旅行社数量
Number of Travel Agencies by Coastal Regions

单位：家 (unit)

地 区 Region		2019	2020	2021
合 计	**Total**	**19417**	**20185**	**20985**
天 津	Tianjin	502	516	524
河 北	Hebei	1513	1531	1552
辽 宁	Liaoning	1524	1530	1547
上 海	Shanghai	1758	1808	1865
江 苏	Jiangsu	2943	3057	3155
浙 江	Zhejiang	2769	2885	3014
福 建	Fujian	1181	1270	1336
山 东	Shandong	2613	2676	2734
广 东	Guangdong	3281	3390	3592
广 西	Guangxi	850	922	963
海 南	Hainan	483	600	703

主要统计指标解释

1. 海水养殖面积　指利用天然海水养殖水产品的水面面积，包括海上养殖、滩涂养殖、其他养殖。工厂化，深水网箱养殖不计入养殖面积。在报告期内无论是否全部收获或尚未收获其产品，均应统计在海水养殖面积中。但有些滩涂、水面不投放苗种或投放少量苗种，只进行一般管理的，不统计为养殖面积。

2. 盐田总面积　指盐田占有的全部面积。包括储卤、蒸发、保卤、结晶面积、滩内的沟、壕、池、埝、滩坨等面积及滩外的沟、壕、公路及杂地面积。

3. 盐田生产面积　指直接提供给海盐生产的面积，包括结晶面积、蒸发面积、保卤面积，滩内的沟、壕、池、埝面积及滩坨面积。

4. 年末海盐生产能力　指年末企业生产原盐的全部设备的综合平衡能力。海盐生产露天作业，受天气影响，因而计算生产能力时，成熟滩田按 10 年实际平均单位生产面积产量乘以本年成熟滩田生产面积而得，新滩田按设计能力及滩田成熟程度可能达到的产量计算。

5. 海洋机动渔船　指配置机器作为动力的从事海洋渔业生产及为海洋渔业生产服务的船舶。

6. 远洋渔船　按我国远洋渔业项目管理办法在非我国管辖海域（外国专属经济区水域或公海）进行常年或季节性生产的渔船。

7. 泊位个数　指设有系靠船舶设施，在同一时间内可供靠泊最大吨级船舶的艘数。即可靠泊一艘船舶，则计为一个泊位，余类推。泊位分码头泊位和浮筒泊位。

8. 客房数　指饭店实际可用于接待旅游者的房间数。

9. 床位数　指饭店实际可用于接待旅游者的床位数。

Explanatory Notes on Main Statistical Indicators

1. Mariculture Area　refers to the area of the water surface where aquatic products are cultivated by using natural seawater, including maritime culture, tidal flat culture and other cultures. Factory farming and deepwater net-cage culture are not included in the Mariculture Area. Whether or not all the products in the area have been harvested or the products have not been harvested yet in the period covered by the report, the area is included in the Mariculture Area. But some tidal flats and water surfaces where none or a small amount of the young have been released and only general management is carried out are not included in the Mariculture Area.

2. Total Area of Salt Pans　refers to the total area covered by salt pans, including the area for brine storage, evaporation, brine preservation, and crystallization, the area of ditches, moats, ponds and banks within the beach as well as beach mounds, and ditches, moats, highway beyond the beach as well as the area of miscellaneous lands.

3. Area of Salt Pan Production　refers to the area directly provided for sea-salt productions, including the area for crystallization, evaporation and brine preservation, the area of ditches, moats, ponds and banks within the beach as well as the area of beach mounds.

4. Year-End Capacity of Crude Salt Production refers to the integrated and balanced capacity of all equipment of the enterprise used for crude salt production at the end of the year. As sea salt production is an open-air operation, which is subject to the effect of weather, the production capacity of a matured salt pan is calculated at the productions of the actual average unit production area in ten years times the production area of the matured salt pan in the current year. The production capacity of new salt pans is calculated at the production that may be reached in the light of the designed capacity and the level of maturity of the salt pan.

5. Marine Motor Fishing Vessels refer to the vessels powered by machines going for and serving for and serving for marine fishery production.

6. Deep Sea Fishing Vessels refer to the fishing vessels which carry out production all the year round or seasonally in the non-Chinese jurisdictional sea areas (foreign EEZ or high sea) according to the China Deep-Sea Fishing Projects Management Measures.

7. Number of Berths refers to the spaces equipped with facilities for docking ships and the number of ships of the maximum tonnage that may dock or anchor in them. A space for a ship to dock is counted as one berth and the rest are reasoned out by analogy. Berths are divided into wharf berths and buoy berths.

8. Number of Rooms refers to the number of guest rooms actually used by the hotels receiving tourists.

9. Number of Beds refers to the number of beds actually used by the hotels receiving tourists.

5

海洋科学技术

Marine Science and Technology

5-1 分行业海洋研究与开发机构及人员（2021年）
Marine R&D Institutions and Personnel by Industry (2021)

行　业 Industry	机构数（个） Number of Institutions (unit)	从业人员（人） Employees (person)	#从事科技活动人员 Personnel Engaged in Scientifical Activities
合　计 Total	**218**	**47334**	**43671**
海洋基础科学研究 Marine Basic Scientific Research	**107**	**27113**	**25755**
海洋自然科学和海洋生物医药 Marine Natural Science and Marine Biomedicine	53	20337	19855
海洋社会科学 Marine Social Science	10	1784	1696
海洋农业科学 Marine Agricultural Science	44	4992	4204
海洋工程技术研究 Marine Engineering Technology Research	**50**	**13398**	**12074**
海洋化学工程技术、海洋生物工程技术和海洋能源开发技术 Marine Chemical Engineering Technology, Marine Bioengineering Technology and Marine Energies Development Technology	8	1691	1579

注：机构为地级及以上独立核算的非企业海洋研究与开发机构（本部分其他表同）；
行业分类参照《海洋及相关产业分类》（GB/T 20794—2006）标准。

Note: The institutions cover the non-enterprise marine research and development institutions with independent accounting at the prefecture level and above. The same applies to the other tables in Part 5. Industries classification follows the standard *Classification of Marine and Marine-Related Industries* (GB/T 20794—2006).

5-1 续表 continued

行　业 Industry	机构数 （个） Number of Institutions (unit)	从业人员 （人） Employees (person)	#从事科技活动人员 Personnel Engaged in Scientifical Activities
海洋交通运输工程技术 Marine Communications and Transport Engineering Technology	7	2050	1726
海洋环境工程技术 Marine Environmental Engineering Technology	6	911	848
河口水利工程技术 Estuarine Water Conservancy Engineering Technology	7	3031	2426
其他海洋工程技术 Other Marine Engineering Technologies	22	5715	5495
海洋技术服务业 Marine Technological Service Industry	**29**	**2454**	**2098**
海洋信息服务业 Marine Information Service	**8**	**795**	**772**
海洋环境监测预报服务 Marine Environment Monitoring and Forecasting Service	**19**	**1827**	**1544**
海洋地质勘查业 Marine Geological Exploration Industry	**5**	**1747**	**1428**

5-2 分行业海洋研究与开发机构R&D人员（2021年）
R&D Personnel in Marine R&D Institutions by Industry (2021)

单位：人 (person)

行 业 Industry	R&D人员 R&D Personnel	博士毕业 Doctor	硕士毕业 Master	本科毕业 Undergraduate	其他 Others
合 计 Total	**51862**	**21789**	**14996**	**8931**	**6146**
海洋基础科学研究 Marine Basic Scientific Research	**36045**	**17084**	**9089**	**4988**	**4884**
海洋自然科学和海洋生物医药 Marine Natural Science and Marine Biomedicine	31268	15854	7407	3708	4299
海洋社会科学 Marine Social Science	1264	376	480	293	115
海洋农业科学 Marine Agricultural Science	3513	854	1202	987	470
海洋工程技术研究 Marine Engineering Technology Research	**12181**	**3872**	**4711**	**2592**	**1006**
海洋化学工程技术、海洋生物工程技术和海洋能源开发技术 Marine Chemical Engineering Technology, Marine Bioengineering Technology and Marine Energies Development Technology	1881	723	602	299	257
海洋交通运输工程技术 Marine Communications and Transport Engineering Technology	932	207	542	175	8

5-2 续表 continued

行 业 Industry	R&D人员 R&D Personnel	博士毕业 Doctor	硕士毕业 Master	本科毕业 Undergraduate	其他 Others
海洋环境工程技术 Marine Environmental Engineering Technology	683	171	272	108	132
河口水利工程技术 Estuarine Water Conservancy Engineering Technology	1789	649	740	372	28
其他海洋工程技术 Other Marine Engineering Technologies	6896	2122	2555	1638	581
海洋技术服务业 Marine Technological Service Industry	**1828**	**517**	**435**	**804**	**72**
海洋信息服务业 Marine Information Service	**486**	**88**	**268**	**118**	**12**
海洋环境监测预报服务 Marine Environment Monitoring and Forecasting Service	**492**	**94**	**221**	**136**	**41**
海洋地质勘查业 Marine Geological Exploration Industry	**830**	**134**	**272**	**293**	**131**

5-3 分行业海洋研究与开发机构R&D人员全时当量（2021年）
Full-time Equivalent of R&D Personnel in Marine R&D Institutions by Industry (2021)

单位：人年 (man-year)

行业 Industry	R&D人员全时当量 Full-time Equivalent of R&D Personnel	基础研究 Basic Research	应用研究 Applied Research	试验发展 Experimental Development
合计 Total	**40505**	**14684**	**14785**	**11036**
海洋基础科学研究 Marine Basic Scientific Research	**27992**	**12333**	**9991**	**5668**
海洋自然科学和海洋生物医药 Marine Natural Science and Marine Biomedicine	23868	11559	8487	3822
海洋社会科学 Marine Social Science	1027	120	641	266
海洋农业科学 Marine Agricultural Science	3097	654	863	1580
海洋工程技术研究 Marine Engineering Technology Research	**10066**	**1933**	**4176**	**3957**
海洋化学工程技术、海洋生物工程技术和海洋能源开发技术 Marine Chemical Engineering Technology, Marine Bioengineering Technology and Marine Energies Development Technology	1811	283	1044	484
海洋交通运输工程技术 Marine Communications and Transport Engineering Technology	902	61	647	194

5-3 续表 continued

行 业 Industry	R&D人员全时当量 Full-time Equivalent of R&D Personnel	基础研究 Basic Research	应用研究 Applied Research	试验发展 Experimental Development
海洋环境工程技术 Marine Environmental Engineering Technology	529	52	374	103
河口水利工程技术 Estuarine Water Conservancy Engineering Technology	1242	109	398	735
其他海洋工程技术 Other Marine Engineering Technologies	5582	1428	1713	2441
海洋技术服务业 Marine Technological Service Industry	**1188**	**68**	**358**	**762**
海洋信息服务业 Marine Information Service	**258**	**13**	**133**	**112**
海洋环境监测预报服务 Marine Environment Monitoring and Forecasting Service	**213**	**45**	**124**	**44**
海洋地质勘查业 Marine Geological Exploration Industry	**788**	**292**	**3**	**493**

5-4 分行业按活动类型分海洋研究与开发机构R&D经费内部支出（2021年）

Intramural Expenditure on R&D of Marine R&D Institutions by Activities Type by Industry (2021)

单位：万元 (10000 yuan)

行 业 Industry	R&D经费内部支出 Intramural Expenditure on R&D	基础研究 Basic Research	应用研究 Applied Research	试验发展 Experimental Development
合 计 Total	**3292236**	**972591**	**1079691**	**1239954**
海洋基础科学研究 Marine Basic Scientific Research	**2055840**	**801072**	**826588**	**428180**
海洋自然科学和海洋生物医药 Marine Natural Science and Marine Biomedicine	1815992	758988	743369	313636
海洋社会科学 Marine Social Science	71091	7082	36837	27173
海洋农业科学 Marine Agricultural Science	168756	35003	46382	87371
海洋工程技术研究 Marine Engineering Technology Research	**961989**	**113481**	**235199**	**613308**
海洋化学工程技术、海洋生物工程技术和海洋能源开发技术 Marine Chemical Engineering Technology, Marine Bioengineering Technology and Marine Energies Development Technology	105959	14732	62005	29222
海洋交通运输工程技术 Marine Communications and Transport Engineering Technology	42131	2807	29128	10196

5-4 续表 continued

行　业 Industry	R&D经费内部支出 Intramural Expenditure on R&D	基础研究 Basic Research	应用研究 Applied Research	试验发展 Experimental Development
海洋环境工程技术 Marine Environmental Engineering Technology	25001	3559	14821	6621
河口水利工程技术 Estuarine Water Conservancy Engineering Technology	100123	5849	43666	50607
其他海洋工程技术 Other Marine Engineering Technologies	688774	86534	85579	516662
海洋技术服务业 **Marine Technological Service Industry**	**35964**	**6119**	**12343**	**17502**
海洋信息服务业 **Marine Information Service**	**15735**	**585**	**1688**	**13462**
海洋环境监测预报服务 **Marine Environment Monitoring and Forecasting Service**	**7458**	**1140**	**3818**	**2500**
海洋地质勘查业 **Marine Geological Exploration Industry**	**215250**	**50194**	**54**	**165003**

5-5 分行业按支出类别分海洋研究与开发机构 R&D经费内部支出（2021年）

Intramural Expenditure on R&D of Marine R&D Institutions by Expenditure Category by Industry (2021)

单位：万元　　　　(10000 yuan)

行　业 Industry	R&D经费内部支出 Intramural Expenditure on R&D			
	日常性支出 Routine Expenditure	#人员劳务费 Labor Cost	资产性支出 Assets Expenditure	#仪器与设备支出 Equipment
合　计 Total	**2560112**	**1022587**	**732124**	**364261**
海洋基础科学研究 Marine Basic Scientific Research	**1615002**	**742786**	**440838**	**296944**
海洋自然科学和海洋生物医药 Marine Natural Science and Marine Biomedicine	1409318	641100	406674	280660
海洋社会科学 Marine Social Science	56160	31701	14931	2797
海洋农业科学 Marine Agricultural Science	149524	69985	19233	13487
海洋工程技术研究 Marine Engineering Technology Research	**851726**	**232990**	**110263**	**62450**
海洋化学工程技术、海洋生物工程技术和海洋能源开发技术 Marine Chemical Engineering Technology, Marine Bioengineering Technology and Marine Energies Development Technology	64338	35481	41621	9902
海洋交通运输工程技术 Marine Communications and Transport Engineering Technology	38268	28285	3864	2629

5-5 续表 continued

行 业 Industry	R&D经费内部支出 Intramural Expenditure on R&D			
	日常性支出 Routine Expenditure	#人员劳务费 Labor Cost	资产性支出 Assets Expenditure	#仪器与设备支出 Equipment
海洋环境工程技术 Marine Environmental Engineering Technology	22943	15946	2058	2003
河口水利工程技术 Estuarine Water Conservancy Engineering Technology	93104	47193	7019	4870
其他海洋工程技术 Other Marine Engineering Technologies	633073	106085	55701	43046
海洋技术服务业 **Marine Technological Service Industry**	**27644**	**12142**	**8321**	**3934**
海洋信息服务业 **Marine Information Service**	**14450**	**7956**	**1285**	**470**
海洋环境监测预报服务 **Marine Environment Monitoring and Forecasting Service**	**5609**	**3950**	**1849**	**247**
海洋地质勘查业 **Marine Geological Exploration Industry**	**45682**	**22764**	**169568**	**217**

5-6 分行业按经费来源分海洋研究与开发机构 R&D 经费内部支出（2021年）

Intramural Expenditure on R&D of Marine R&D Institutions by Source of Funds by Industry (2021)

单位：万元 (10000 yuan)

行 业 Industry	R&D经费内部支出 Intramural Expenditure on R&D 政府资金 Government Funds	企业资金 Self-raised Funds by Enterprises	事业单位资金 Public Institution Funds	国外资金 Foreign Funds	其他资金 Other Funds
合 计 Total	**2580769**	**524442**	**139952**	**7237**	**39836**
海洋基础科学研究 Marine Basic Scientific Research	**1698029**	**228398**	**98670**	**6659**	**24085**
海洋自然科学和海洋生物医药 Marine Natural Science and Marine Biomedicine	1514182	206791	64275	6659	24085
海洋社会科学 Marine Social Science	51484	12981	6626	0	0
海洋农业科学 Marine Agricultural Science	132362	8625	27769	0	0
海洋工程技术研究 Marine Engineering Technology Research	**619982**	**289963**	**37689**	**579**	**13777**
海洋化学工程技术、海洋生物工程技术和海洋能源开发技术 Marine Chemical Engineering Technology, Marine Bioengineering Technology and Marine Energies Development Technology	90864	12239	659	347	1850
海洋交通运输工程技术 Marine Communications and Transport Engineering Technology	23143	16084	2673	232	0

5-6 续表 continued

行　业 Industry	R&D经费内部支出 Intramural Expenditure on R&D				
	政府资金 Government Funds	企业资金 Self-raised Funds by Enterprises	事业单位资金 Public Institution Funds	国外资金 Foreign Funds	其他资金 Other Funds
海洋环境工程技术 Marine Environmental Engineering Technology	14873	8395	1734	0	0
河口水利工程技术 Estuarine Water Conservancy Engineering Technology	42177	17279	28740	0	11926
其他海洋工程技术 Other Marine Engineering Technologies	448925	235967	3883	0	0
海洋技术服务业 Marine Technological Service Industry	**31896**	**3620**	**348**	**0**	**100**
海洋信息服务业 Marine Information Service	**10280**	**2246**	**3208**	**0**	**0**
海洋环境监测预报服务 Marine Environment Monitoring and Forecasting Service	**5546**	**0**	**37**	**0**	**1875**
海洋地质勘查业 Marine Geological Exploration Industry	**215035**	**216**	**0**	**0**	**0**

5-7 分行业海洋研究与开发机构R&D经费外部支出（2021年）
External Expenditure on R&D of Marine R&D Institutions by Industry (2021)

单位：万元 (10000 yuan)

行业 Industry	R&D经费外部支出 External Expenditure on R&D	#对境内研究机构支出 on Domestic Research Institutions	#对境内高等学校支出 on Domestic Higher Education	#对境内企业支出 on Domestic Enterprises
合　计 Total	**174631**	**100125**	**20755**	**46452**
海洋基础科学研究 Marine Basic Scientific Research	**117696**	**89561**	**17869**	**3085**
海洋自然科学和海洋生物医药 Marine Natural Science and Marine Biomedicine	107896	82945	16836	1474
海洋社会科学 Marine Social Science	3156	1530	465	1162
海洋农业科学 Marine Agricultural Science	6644	5086	568	450
海洋工程技术研究 Marine Engineering Technology Research	**6590**	**1409**	**1090**	**4068**
海洋化学工程技术、海洋生物工程技术和海洋能源开发技术 Marine Chemical Engineering Technology, Marine Bioengineering Technology and Marine Energies Development Technology	456	10	271	175
海洋交通运输工程技术 Marine Communications and Transport Engineering Technology	5538	1232	549	3758

5-7 续表 continued

行　业 Industry	R&D经费外部支出 External Expenditure on R&D	#对境内研究机构支出 on Domestic Research Institutions	#对境内高等学校支出 on Domestic Higher Education	#对境内企业支出 on Domestic Enterprises
海洋环境工程技术 Marine Environmental Engineering Technology	0	0	0	0
河口水利工程技术 Estuarine Water Conservancy Engineering Technology	194	0	193	0
其他海洋工程技术 Other Marine Engineering Technologies	402	167	77	136
海洋技术服务业 Marine Technological Service Industry	**373**	**25**	**57**	**291**
海洋信息服务业 Marine Information Service	**18**	**10**	**8**	**0**
海洋环境监测预报服务 Marine Environment Monitoring and Forecasting Service	**757**	**143**	**116**	**402**
海洋地质勘查业 Marine Geological Exploration Industry	**49197**	**8977**	**1615**	**38605**

5-8 分行业海洋研究与开发机构R&D课题（2021年）
R&D Projects of Marine R&D Institutions by Industry (2021)

行　业 Industry	R&D课题数（项） R&D Projects (item)	投入人员（人年） Input of Personnel (man-year)	投入经费（万元） Input of Funds (10000 yuan)
合　计 Total	**21267**	**33103**	**1661268**
海洋基础科学研究 Marine Basic Scientific Research	**16065**	**23225**	**1004893**
海洋自然科学和海洋生物医药 Marine Natural Science and Marine Biomedicine	13698	19972	917061
海洋社会科学 Marine Social Science	538	772	9607
海洋农业科学 Marine Agricultural Science	1829	2480	78225
海洋工程技术研究 Marine Engineering Technology Research	**4537**	**7720**	**608864**
海洋化学工程技术、海洋生物工程技术和海洋能源开发技术 Marine Chemical Engineering Technology, Marine Bioengineering Technology and Marine Energies Development Technology	1029	1527	44549
海洋交通运输工程技术 Marine Communications and Transport Engineering Technology	942	722	27683

5-8 续表 continued

行 业 Industry	R&D课题数 （项） R&D Projects (item)	投入人员 （人年） Input of Personnel (man-year)	投入经费 （万元） Input of Funds (10000 yuan)
海洋环境工程技术 Marine Environmental Engineering Technology	82	418	1782
河口水利工程技术 Estuarine Water Conservancy Engineering Technology	482	812	23655
其他海洋工程技术 Other Marine Engineering Technologies	2002	4242	511194
海洋技术服务业 **Marine Technological Service Industry**	**516**	**1064**	**10734**
海洋信息服务业 **Marine Information Service**	**64**	**231**	**4106**
海洋环境监测预报服务 **Marine Environment Monitoring and Forecasting Service**	**54**	**130**	**1331**
海洋地质勘查业 **Marine Geological Exploration Industry**	**31**	**733**	**31340**

5-9 分行业海洋研究与开发机构科技论著（2021年）
Scientific and Technological Papers and Works of Marine R&D Institutions by Industry (2021)

行　业 Industry	发表科技论文（篇） Scientific Papers Issued (piece)	#国内发表 Published in China	出版科技著作（种） Publication on Science and Technology (kind)
合　计 **Total**	**25329**	**10579**	**545**
海洋基础科学研究 **Marine Basic Scientific Research**	**18614**	**7055**	**327**
海洋自然科学和海洋生物医药 Marine Natural Science and Marine Biomedicine	15432	4627	201
海洋社会科学 Marine Social Science	1293	1228	94
海洋农业科学 Marine Agricultural Science	1889	1200	32
海洋工程技术研究 **Marine Engineering Technology Research**	**5838**	**2888**	**191**
海洋化学工程技术、海洋生物工程技术和海洋能源开发技术 Marine Chemical Engineering Technology, Marine Bioengineering Technology and Marine Energies Development Technology	1162	425	14
海洋交通运输工程技术 Marine Communications and Transport Engineering Technology	1006	768	72

5-9 续表 continued

行 业 Industry	发表科技论文（篇） Scientific Papers Issued (piece)	#国内发表 Published in China	出版科技著作（种） Publication on Science and Technology (kind)
海洋环境工程技术 Marine Environmental Engineering Technology	177	146	3
河口水利工程技术 Estuarine Water Conservancy Engineering Technology	1138	853	83
其他海洋工程技术 Other Marine Engineering Technologies	2355	696	19
海洋技术服务业 Marine Technological Service Industry	**385**	**271**	**11**
海洋信息服务业 Marine Information Service	**99**	**70**	**6**
海洋环境监测预报服务 Marine Environment Monitoring and Forecasting Service	**184**	**137**	**2**
海洋地质勘查业 Marine Geological Exploration Industry	**209**	**158**	**8**

5-10 分行业海洋研究与开发机构专利（2021年）
Scientific and Technological Patents of Marine R&D Institutions by Industry (2021)

行　业 Industry	专利申请受理数（件） Number of Patent Applications Accepted (piece)	#发明专利 Inventions	专利授权数（件） Number of Patents Granted (piece)	#发明专利 Inventions
合　计 **Total**	**8594**	**6118**	**6557**	**4289**
海洋基础科学研究 **Marine Basic Scientific Research**	**5105**	**3609**	**3751**	**2497**
海洋自然科学和海洋生物医药 Marine Natural Science and Marine Biomedicine	4235	3064	2801	1996
海洋社会科学 Marine Social Science	68	33	55	13
海洋农业科学 Marine Agricultural Science	802	512	895	488
海洋工程技术研究 **Marine Engineering Technology Research**	**3167**	**2295**	**2533**	**1637**
海洋化学工程技术、海洋生物工程技术和海洋能源开发技术 Marine Chemical Engineering Technology, Marine Bioengineering Technology and Marine Energies Development Technology	497	404	378	303
海洋交通运输工程技术 Marine Communications and Transport Engineering Technology	511	153	341	72

5-10 续表1 continued

行　业 Industry	专利申请受理数（件） Number of Patent Applications Accepted (piece)	#发明专利 Inventions	专利授权数（件） Number of Patents Granted (piece)	#发明专利 Inventions
海洋环境工程技术 Marine Environmental Engineering Technology	29	13	25	12
河口水利工程技术 Estuarine Water Conservancy Engineering Technology	602	464	667	384
其他海洋工程技术 Other Marine Engineering Technologies	1528	1261	1122	866
海洋技术服务业 Marine Technological Service Industry	**146**	**97**	**158**	**93**
海洋信息服务业 Marine Information Service	**9**	**5**	**15**	**11**
海洋环境监测预报服务 Marine Environment Monitoring and Forecasting Service	**35**	**21**	**29**	**21**
海洋地质勘查业 Marine Geological Exploration Industry	**132**	**91**	**71**	**30**

5-10 续表2 continued

行　业 Industry	有效发明专利（件） Patent in Force (piece)	专利所有权转让及许可数（件） Number of Transfer and Licensing of Patent Ownership (piece)	专利所有权转让及许可收入（万元） Revenue from Transfer and Licensing of Patent Ownership (10000 yuan)
合　计 Total	**23141**	**714**	**34440**
海洋基础科学研究 Marine Basic Scientific Research	**15086**	**559**	**22949**
海洋自然科学和海洋生物医药 Marine Natural Science and Marine Biomedicine	11907	518	22087
海洋社会科学 Marine Social Science	116	2	87
海洋农业科学 Marine Agricultural Science	3063	39	775
海洋工程技术研究 Marine Engineering Technology Research	**7454**	**152**	**11488**
海洋化学工程技术、海洋生物工程技术和海洋能源开发技术 Marine Chemical Engineering Technology, Marine Bioengineering Technology and Marine Energies Development Technology	1522	15	1345
海洋交通运输工程技术 Marine Communications and Transport Engineering Technology	445	1	21

5-10 续表3 continued

行　业 Industry	有效发明专利（件） Patent in Force (piece)	专利所有权转让及许可数（件） Number of Transfer and Licensing of Patent Ownership (piece)	专利所有权转让及许可收入（万元） Revenue from Transfer and Licensing of Patent Ownership (10000 yuan)
海洋环境工程技术 Marine Environmental Engineering Technology	28	0	0
河口水利工程技术 Estuarine Water Conservancy Engineering Technology	1180	0	0
其他海洋工程技术 Other Marine Engineering Technologies	4279	136	10122
海洋技术服务业 Marine Technological Service Industry	**382**	**3**	**3**
海洋信息服务业 Marine Information Service	**40**	**0**	**0**
海洋环境监测预报服务 Marine Environment Monitoring and Forecasting Service	**52**	**0**	**0**
海洋地质勘查业 Marine Geological Exploration Industry	**127**	**0**	**0**

5-11 分行业海洋研究与开发机构形成标准和软件著作权（2021年）

Standards and Software Copyrights of Marine R&D Institutions by Industry (2021)

行　业 Industry	形成国家和行业标准数（项） Number of National and Industrial Standards (item)	软件著作权数（件） Number of Software Copyrights (piece)
合　计 **Total**	**193**	**1934**
海洋基础科学研究 **Marine Basic Scientific Research**	**76**	**1108**
海洋自然科学和海洋生物医药 Marine Natural Science and Marine Biomedicine	41	770
海洋社会科学 Marine Social Science	0	19
海洋农业科学 Marine Agricultural Science	35	319
海洋工程技术研究 **Marine Engineering Technology Research**	**95**	**749**
海洋化学工程技术、海洋生物工程技术和海洋能源开发技术 Marine Chemical Engineering Technology, Marine Bioengineering Technology and Marine Energies Development Technology	2	41
海洋交通运输工程技术 Marine Communications and Transport Engineering Technology	68	287

5-11 续表 continued

行　业 Industry	形成国家和行业标准数（项） Number of National and Industrial Standards (item)	软件著作权数（件） Number of Software Copyrights (piece)
海洋环境工程技术 Marine Environmental Engineering Technology	7	9
河口水利工程技术 Estuarine Water Conservancy Engineering Technology	6	248
其他海洋工程技术 Other Marine Engineering Technologies	12	164
海洋技术服务业 Marine Technological Service Industry	**9**	**15**
海洋信息服务业 Marine Information Service	**6**	**28**
海洋环境监测预报服务 Marine Environment Monitoring and Forecasting Service	**5**	**11**
海洋地质勘查业 Marine Geological Exploration Industry	**2**	**23**

5-12 分地区海洋研究与开发机构及人员（2021年）
Marine R&D Institutions and Personnel by Region (2021)

行　业 Industry	机构数 （个） Number of Institutions (unit)	从业人员 （人） Employees (person)	#从事科技活动人员 Personnel Engaged in Scientifical Activities
合　计 Total	**218**	**47334**	**43671**
北　京 Beijing	16	7856	7021
天　津 Tianjin	11	2026	1889
河　北 Hebei	11	1728	1504
辽　宁 Liaoning	7	2669	2499
上　海 Shanghai	18	5374	5030
江　苏 Jiangsu	13	2559	2346
浙　江 Zhejiang	21	2874	2588
福　建 Fujian	17	1296	1117
山　东 Shandong	32	6531	5943
广　东 Guangdong	38	8257	7854
广　西 Guangxi	12	1250	1124
海　南 Hainan	18	1048	933
其　他 Others	4	3866	3823

5-13 分地区海洋研究与开发机构R&D人员（2021年）
R&D Personnel in Marine R&D Institutions by Region (2021)

单位：人 (person)

行　业 Industry	R&D人员 R&D Personnel	博士毕业 Doctor	硕士毕业 Master	本科毕业 Under-graduate	其他 Others
合　计 Total	**51862**	**21789**	**14996**	**8931**	**6146**
北　京 Beijing	9648	5021	2520	1466	641
天　津 Tianjin	1322	247	655	379	41
河　北 Hebei	890	147	301	230	212
辽　宁 Liaoning	2375	495	1101	566	213
上　海 Shanghai	6532	2138	1812	930	1652
江　苏 Jiangsu	2701	1085	650	409	557
浙　江 Zhejiang	1840	547	777	408	108
福　建 Fujian	995	281	362	218	134
山　东 Shandong	8163	4225	2187	850	901
广　东 Guangdong	9022	4647	2253	1244	878
广　西 Guangxi	646	147	327	156	16
海　南 Hainan	2083	774	515	630	164
其　他 Others	5645	2035	1536	1445	629

5-14 分地区海洋研究与开发机构R&D人员全时当量（2021年）

Full-time Equivalent of R&D Personnel in Marine R&D Institutions by Region (2021)

单位：人年 (man-year)

行 业 Industry	R&D人员全时当量 Full-time Equivalent of R&D Personnel	基础研究 Basic Research	应用研究 Applied Research	试验发展 Experimental Development
合 计 **Total**	**40505**	**14684**	**14785**	**11036**
北 京 Beijing	7069	2869	3167	1033
天 津 Tianjin	773	20	331	422
河 北 Hebei	767	254	305	208
辽 宁 Liaoning	1807	173	1195	439
上 海 Shanghai	5016	1826	2503	687
江 苏 Jiangsu	2024	938	451	635
浙 江 Zhejiang	1557	154	788	615
福 建 Fujian	847	281	335	231
山 东 Shandong	6421	2169	2097	2155
广 东 Guangdong	7546	3444	2221	1881
广 西 Guangxi	530	97	305	128
海 南 Hainan	1755	512	437	806
其 他 Others	4393	1947	650	1796

5-15 分地区按活动类型分海洋研究与开发机构 R&D经费内部支出（2021年）

Intramural Expenditure on R&D of Marine R&D Institutions by Activities Type by Region (2021)

单位：万元 (10000 yuan)

行 业 Industry	R&D经费内部支出 Intramural Expenditure on R&D	基础研究 Basic Research	应用研究 Applied Research	试验发展 Experimental Development
合 计 Total	**3292236**	**972591**	**1079691**	**1239954**
北 京 Beijing	567369	246957	250559	69854
天 津 Tianjin	49699	1146	15309	33244
河 北 Hebei	28505	2570	20254	5680
辽 宁 Liaoning	295766	2655	52266	240846
上 海 Shanghai	486644	134678	303178	48788
江 苏 Jiangsu	136428	62427	32697	41305
浙 江 Zhejiang	107797	9285	54458	44054
福 建 Fujian	55044	13313	27266	14464
山 东 Shandong	411135	112489	125437	173209
广 东 Guangdong	607846	233495	124332	250018
广 西 Guangxi	19967	3347	9522	7097
海 南 Hainan	73319	29989	9043	34288
其 他 Others	452717	120240	55370	277106

5-16 分地区按支出类型分海洋研究与开发机构 R&D经费内部支出（2021年）

Intramural Expenditure on R&D of Marine R&D Institutions by Expenditure Category by Region (2021)

单位：万元 (10000 yuan)

行 业 Industry	R&D经费内部支出 Intramural Expenditure on R&D			
	日常性支出 Routine Expenditure	#人员劳务费 Labor Cost	资产性支出 Assets Expenditure	#仪器与设备支出 Equipment
合 计 Total	**2560112**	**1022587**	**732124**	**364261**
北 京 Beijing	463690	212216	103680	64022
天 津 Tianjin	42614	28356	7085	6318
河 北 Hebei	24309	12813	4195	2897
辽 宁 Liaoning	284819	47862	10947	4838
上 海 Shanghai	402648	155728	83996	78613
江 苏 Jiangsu	124764	74907	11664	7739
浙 江 Zhejiang	77250	41406	30547	14521
福 建 Fujian	42947	27353	12097	6190
山 东 Shandong	262155	126677	148980	56144
广 东 Guangdong	342869	173121	264977	79822
广 西 Guangxi	16647	9512	3320	2835
海 南 Hainan	65961	22824	7358	5160
其 他 Others	409440	89812	43277	35164

5-17 分地区按经费来源分海洋研究与开发机构 R&D经费内部支出（2021年）

Intramural Expenditure on R&D of Marine R&D Institutions by Source of Funds by Region (2021)

单位：万元 (10000 yuan)

行 业 Industry	R&D经费内部支出 Intramural Expenditure on R&D				
	政府资金 Government Funds	企业资金 Self-raised Funds by Enterprises	事业单位资金 Public Institution Funds	国外资金 Foreign Funds	其他资金 Other Funds
合 计 Total	**2580769**	**524442**	**139952**	**7237**	**39836**
北 京 Beijing	505601	36252	14223	1366	9928
天 津 Tianjin	29934	14746	2775	0	2245
河 北 Hebei	28254	251	0	0	0
辽 宁 Liaoning	82002	213764	0	0	0
上 海 Shanghai	339761	124007	19495	3382	0
江 苏 Jiangsu	74244	27017	18313	118	16736
浙 江 Zhejiang	78341	25186	4270	0	0
福 建 Fujian	40926	12433	1606	0	80
山 东 Shandong	355188	28664	24131	327	2826
广 东 Guangdong	530725	19743	50960	557	5861
广 西 Guangxi	18447	1155	49	5	310
海 南 Hainan	66356	1625	3359	130	1850
其 他 Others	430991	19600	773	1353	0

5-18 分地区海洋研究与开发机构R&D经费外部支出（2021年）
External Expenditure on R&D of Marine R&D Institutions by Region (2021)

单位：万元 (10000 yuan)

行 业 Industry	R&D 经费外部支出 External Expenditure on R&D	#对境内研究机构支出 on Domestic Research Institutions	#对境内高等学校支出 on Domestic Higher Education	#对境内企业支出 on Domestic Enterprises
合 计 Total	**174631**	**100125**	**20755**	**46452**
北 京 Beijing	8495	2820	851	4160
天 津 Tianjin	0	0	0	0
河 北 Hebei	2	2	0	0
辽 宁 Liaoning	0	0	0	0
上 海 Shanghai	5513	5173	291	49
江 苏 Jiangsu	194	0	193	0
浙 江 Zhejiang	11887	5037	5640	1210
福 建 Fujian	0	0	0	0
山 东 Shandong	51975	45440	3741	452
广 东 Guangdong	96379	41628	9955	40531
广 西 Guangxi	28	0	1	0
海 南 Hainan	159	25	83	51
其 他 Others	0	0	0	0

5-19 分地区海洋研究与开发机构R&D课题（2021年）
R&D Projects of Marine R&D Institutions by Region (2021)

地　区 Region	R&D课题数 （项） R&D Projects (item)	投入人员 （人年） Input of Personnel (man-year)	投入经费 （万元） Input of Funds (10000 yuan)
合　计 **Total**	**21267**	**33103**	**1661268**
北　京 Beijing	4977	5356	266165
天　津 Tianjin	395	686	23908
河　北 Hebei	236	561	11762
辽　宁 Liaoning	394	1138	212002
上　海 Shanghai	2098	4082	254423
江　苏 Jiangsu	2020	1754	27352
浙　江 Zhejiang	688	1448	34045
福　建 Fujian	679	714	22615
山　东 Shandong	3230	4987	189773
广　东 Guangdong	3121	6947	259155
广　西 Guangxi	239	414	6151
海　南 Hainan	570	1469	34143
其　他 Others	2620	3546	319773

5-20 分地区海洋研究与开发机构科技论著（2021年）
Scientific and Technological Papers and Works of Marine R&D Institutions by Region (2021)

地 区 Region	发表科技论文 （篇） Scientific Papers Issued (piece)	#国内发表 Published in China	出版科技著作 （种） Publication on Science and Technology (kind)
合 计 Total	**25329**	**10579**	**545**
北 京 Beijing	6151	2679	154
天 津 Tianjin	570	433	28
河 北 Hebei	661	607	50
辽 宁 Liaoning	521	282	17
上 海 Shanghai	2098	1060	51
江 苏 Jiangsu	1816	819	47
浙 江 Zhejiang	559	346	6
福 建 Fujian	559	234	10
山 东 Shandong	3403	1084	67
广 东 Guangdong	4460	1285	59
广 西 Guangxi	894	752	32
海 南 Hainan	470	191	6
其 他 Others	3167	807	18

5-21 分地区海洋研究与开发机构专利（2021年）
Scientific and Technological Patents of Marine R&D Institutions by Region (2021)

地　区 Region	专利申请受理数（件） Number of Patent Applications Accepted (piece)	#发明专利 Inventions	专利授权数（件） Number of Patents Granted (piece)	#发明专利 Inventions	有效发明专利（件） Patent in Force (piece)	专利所有权转让及许可数（件） Number of Transfer and Licensing of Patent Ownership (piece)	专利所有权转让及许可收入（万元） Revenue from Transfer and Licensing of Patent Ownership (10000 yuan)
合　计 Total	**8594**	**6118**	**6557**	**4289**	**23141**	**714**	**34440**
北　京 Beijing	1078	895	1068	756	3347	284	906
天　津 Tianjin	362	93	306	85	518	2	21
河　北 Hebei	71	46	64	10	140	0	0
辽　宁 Liaoning	541	405	409	241	1471	0	0
上　海 Shanghai	774	639	595	410	2551	107	14803
江　苏 Jiangsu	204	121	315	187	966	4	13
浙　江 Zhejiang	420	271	343	229	1143	21	808
福　建 Fujian	116	89	127	75	432	15	1084
山　东 Shandong	1113	790	947	592	4007	118	1256
广　东 Guangdong	2806	1799	1365	940	5386	64	5572
广　西 Guangxi	104	71	118	53	284	7	90
海　南 Hainan	120	90	129	64	114	3	56
其　他 Others	885	809	771	647	2782	89	9832

5-22 分地区海洋研究与开发机构形成标准和软件著作权（2021年）
Standards and Software Copyrights of Marine R&D Institutions by Region (2021)

地　区 Region	形成国家和行业标准数 （项） Number of National and Industrial Standards (item)	软件著作权数 （件） Number of Software Copyrights (piece)
合　计 Total	**193**	**1934**
北　京 Beijing	77	453
天　津 Tianjin	27	122
河　北 Hebei	5	56
辽　宁 Liaoning	9	77
上　海 Shanghai	4	129
江　苏 Jiangsu	12	155
浙　江 Zhejiang	2	126
福　建 Fujian	6	20
山　东 Shandong	39	359
广　东 Guangdong	4	273
广　西 Guangxi	3	49
海　南 Hainan	2	36
其　他 Others	3	79

主要统计指标解释

1. 海洋研究与开发机构 指主要业务活动中包含海洋科学研究、海洋技术服务、海洋信息服务等活动，设有海洋研究部门，或连续三年以上开展海洋科技课题的研究与开发机构。

2. 研究与试验发展(R&D) 指为增加知识存量（也包括有关人类、文化和社会的知识）以及设计已有知识的新应用而进行的创造性、系统性工作，包括基础研究、应用研究和试验发展三种类型。国际上通常采用R&D活动的规模和强度指标反映一国的科技实力和核心竞争力。

3. 基础研究 指一种不预设任何特定应用或使用目的的实验性或理论性工作，其主要目的是为获得（已发生）现象和可观察事实的基本原理、规律和新知识。其成果通常表现为提出一般原理、理论或规律，并以论文、著作、研究报告等形式为主。

4. 应用研究 指为获取新知识，达到某一特定的实际目的或目标而开展的初始性研究。应用研究是为了确定基础研究成果的可能用途，或确定实现特定和预定目标的新方法。其研究成果以论文、著作、研究报告、原理性模型或发明专利等形式为主。

5. 试验发展 指利用从科学研究、实际经验中获取的知识和研究过程中产生的其他知识，开发新的产品、工艺或改进现有产品、工艺而进行的系统性研究。其研究成果以专利、专有技术，以及具有新颖性的产品原型、原始样机及装置等形式为主。

6. 从业人员 指由本机构年末直接组织安排工作并支付工资的各类人员总数。包括固定职工、国家有编制的合同制职工、招聘人员和返聘的离退休人员。不包括离退休人员、停薪留职人员。

7. 从事科技活动人员 指从业人员中的科技管理人员、课题活动人员和科技服务人员。

8. R&D人员 指报告期R&D活动单位中从事基础研究、应用研究和试验发展活动的人员。包括直接参加上述三类R&D活动的人员，以及与上述三类R&D活动相关的管理人员和直接服务人员，即直接为R&D活动提供资料文献、材料供应、设备维护等服务的人员。不包括为R&D活动提供间接服务的人员，如餐饮服务、安保人员等。

9. R&D人员全时当量 指报告期R&D人员按实际从事R&D活动时间计算的工作量，以“人年”为计量单位。为国际上比较科技人力投入而制定的可比指标。

10. R&D经费内部支出 指报告期调查单位内部为实施R&D活动而实际发生的全部经费，按支出性质分为日常性支出和资产性支出。不包括调查单位委托其他单位或与其他单位合作开展R&D活动而转拨给其他单位的全部经费。

11. R&D经费内部支出中政府资金 指R&D经费支出中来自各级政府财政的各类资金，包括财政科学技术支出和财政其他功能支出的资金用于R&D活动的实际支出。

12. R&D经费内部支出中企业资金 指R&D经费支出中来自企业的各类资金。对企业而言，企业资金指企业自有资金、接受其他企业委托开展R&D活动而获得的资金，以及从金融机构贷款获得的开展R&D活动的资金；对科研院所、高校等事业单位而言，企业资金是指因接受从企业委托开展R&D活动而获得的各类资金。

13. R&D课题 R&D课题是进行R&D活动的基本组织形式，通常由R&D活动执行单位依据项目立项书或合同书等形式明确项目任务、目标、人员和经费等。

14. R&D 课题投入人员 指实际参加研发项目（课题）活动人员折合的全时当量。

15. R&D 课题投入经费 指调查单位内部在报告年度进行研发项目（课题）研究和试制等的实际支出。包括劳务费、其他日常支出、固定资产购建费、外协加工费等，不包括委托或与外单位合作进行项目（课题）研究而拨付给对方使用的经费。

16. 科技论文 指报告年度在学术期刊上发表的最初的科学研究成果。应具备以下三个条件：（1）首次发表的研究成果；（2）作者的结论和试验能被同行重复并验证；（3）发表后科技界能引用。统计范围为在全国性学报或学术刊物上、省部属大专院校对外正式发行的学报或学术刊物上发表的论文，以及向国外发表的论文。只统计第一作者编制在本单位或者第一署名单位为本单位的论文。

17. 科技著作 指经过正式出版部门编印出版的科技专著、大专院校教科书、科普著作。只统计本单位科技人员为第一作者的著作。同一书名计为一种著作，与书的发行量无关。

18. 专利 是专利权的简称，是对发明人的发明创造经审查合格后，由专利局依据专利法授予发明人和设计人对该项发明创造享有的专有权。包括发明、实用新型和外观设计。反映拥有自主知识产权的科技和设计成果情况。

19. 发明（专利） 指对产品、方法或者其改进所提出的新的技术方案。是国际通行的反映拥有自主知识产权技术的核心指标。

20. 专利申请受理数 当年本单位向专利管理部门提出申请并被受理的职务专利申请件数。

21. 专利授权数 当年由专利管理部门授予本单位专利权的职务专利件数。

Explanatory Notes on Main Statistical Indicators

1. Marine R&D Institutions refer to the R&D institutions whose main business activities include marine scientific research, marine technology services, marine information services and other activities, which have established marine research departments, or carry out marine scientific and technological research for more than three consecutive years.

2. Research and Experimental Development (R&D) refers to creative and systematic work undertaken in order to increase the stock of knowledge (including knowledge of humankind, culture and society) and to devise new applications of available knowledge. R&D includes 3 categories of activities: basic research, applied research and experimental development. The scale and intensity of R&D are widely used internationally to reflect the strength of S&T and the core competitiveness of a country in the world.

3. Basic Research refers to experimental or theoretical work undertaken primarily to acquire new knowledge of the underlying foundations of phenomena and observable facts, without any particular application or use in view. Basic research usually formulates hypotheses, theories or laws, and its results are mainly released or disseminated in the form of scientific papers or monographs or research reports.

4. Applied Research refers to original investigation undertaken in order to acquire new knowledge. It is directed primarily towards a specific, practical aim or objective. Purpose of the applied research is to identify the possible uses of results from basic research, or to explore new (fundamental) methods or new approaches. Results of applied research are expressed in the form of scientific papers, monographs, fundamental models or invention patents.

5. Experimental Development refers to systematic work, drawing on knowledge gained from research and practical experience and producing additional knowledge, which is directed to producing new products or processes or to improving existing products or processes. Results of experimental development activities are embodied in patents, exclusive technology, and monotype of new products or equipment.

6. Employees refer to the total number of personnel of various kinds employed and paid by the institution at the end of the year, including fixed employees, contract workers of staff belonging to the state authorized staff , recruited personnel, reemployed retired personnel, but not including the retired and the personnel on leave with pay suspension.

7. Personnel Engaged in Scientific and Technological Activities refer to the personnel for scientific and technological management, personnel engaged in the activities of research topics and scientific and technological service personnel.

8. R&D Personnel refer to persons of R&D activities units engaged in basic research, applied research, and experimental development at the reference period, including persons of directly participating in the three activities above, as well as managment and direct service staff related to R&D activities, such as literature provision, material supply,equipment maintenance staff, it excludes persons providing indirect support and ancillary services, such as canteen and security staff.

9. Full-time Equivalent of R&D Personnel refers to the ratio of working hours actually spent on R&D during a specific reference period (usually a calendar year) divided by the total number of hours conventionally worked in the same period by an individual or by a group. The measurement unit of the ratio is “man-years”. This is an internationally comparable indicator of S&T manpower input.

10. Intramural Expenditure on R&D refers to the real expenditure of surveyed units on their own R&D activities in reporting period. It is divided into current expenditures and gross fixed capital expenditures for R&D according to the nature of expenditure. It doesn’t include the fees transferred to cooperated or entrusted agencies on R&D activities.

11. Intramural Expenditure on R&D from Government Funds refers to the expenditure of funds on R&D activities from government agencies at different levels, including appropriate funds on science and technology from financial departments, and the real expenditure of other fiscal functional funds on R&D activities from government agencies.

12. Intramural Expenditure on R&D from Enterprises Funds refers to the expenditure of all kinds of funds on R&D activities from enterprises. In terms of enterprises, it refers to the expenditure of self-raised funds of enterprises, funds from other enterprises through entrustment, loans from financial institutions on R&D activities. In terms of public institutions, such as institution of scientific research and universities, it refers to the expenditure of funds from enterprises through entrustment.

13. Number of R&D Projects R&D Projects are the basic forms of R&D activities, the project task, target, personnel and expenditure are usually defined by R&D activity execution unit according to project approval specification or contract document.

14. Input of Personnel on R&D Projects refers to the full-time equivalent of persons actually engaged in R&D projects.

15. Input of Funds on R&D Projects refers to the real expenditure of internal funds of the surveyed units on research and test of R&D projects at the reference year, including service fee, other daily expenditure, cost for fixed assets, cost of external process, it excludes expenditure of funds transferred to other cooperated or entrusted units of the projects.

16. Scientific Papers refer to the original scientific research results published in the academic journals in the year reported. They should meet the following three conditions: (1) The research results are published for the first time; (2) The author's conclusions and experiments can be repeated and verified by peers; (3) They can be quoted by the scientific and technological circles after publication. The scope of statistics covers the papers published in the national journals or academic journals, or those officially published by the province- or ministry- managed colleges and universities, as well as paper published abroad. Only the papers whose first authors belong to the authorized staff of the unit or the first signature unit is this unit can be counted.

17. Scientific and Technological Works refer to the scientific and technological monographs, university and college textbooks and popular science works compiled and published by the official publishing departments. Only works whose first authors are the scientific and technological personnel of the unit are counted. The works with the same title are counted as one work and have nothing to do with the circulation of the book.

18. Patent is an abbreviation for the patent right and refers to the exclusive right of ownership by the inventors or designers for the creation or inventions, given from the patent offices after due process of assessment and approval in accordance with the Patent Law. Patents are granted for inventions, utility models and designs. This indicator reflects the achievements of S&T and design with independent intellectual property.

19. Patented Inventions refer to new technical proposals to the products or methods or their modifications. This is universal core indicator reflecting the technologies with independent intellectual property.

20. Number of Patent Applications Accepted refers to the number of professional patent applications of the unit to the patent administrative department and accepted by it in the year.

21. Number of Patents Granted refers to the number of the professional patents granted to the unit by the patent administrative department in the year.

6

海 洋 教 育

Marine Education

6-1 全国各海洋专业博士研究生情况（2021年）
Doctoral Students from Marine Specialities (2021)

专　业 Speciality	专业点数（个） Number of Speciality Agencies (unit)	学生数（人） Number of Students (person)			
		毕业生 Graduates	招　生 Entrants	在校生 Enrollment	预计毕业生数 Estimated Number of Graduates Next Year
合　计 **Total**	**190**	**1193**	**2089**	**9153**	**3777**
物理海洋学 Physical Oceanography	8	64	112	413	156
海洋化学 Marine Chemistry	7	17	68	266	90
海洋生物学 Marine Biology	8	94	132	514	179
海洋地质 Marine Geology	7	44	46	221	108
海洋科学学科 Marine Science Subjects	16	83	219	800	260
水生生物学 Hydrobiology	18	91	85	380	178
水文学及水资源 Hydrology and Water Resource	15	122	180	865	406
港口海岸及近海工程 Coastal Harbour and Offshore Engineering	8	60	74	373	168
油气井工程 Oil-Gas Well Engineering	5	66	16	318	193
油气田开发工程 Oil-Gas Field Development Engineering	8	104	49	600	363
油气储运工程 Oil-Gas Storage and Transportation Engineering	4	31	17	187	105

6-1 续表 continued

专　业 Speciality	专业点数（个） Number of Speciality Agencies (unit)	学生数（人） Number of Students (person)			
		毕业生 Graduates	招　生 Entrants	在校生 Enrollment	预计毕业生数 Estimated Number of Graduates Next Year
石油与天然气工程学科 Oil and Natural Gas Engineering Subjects	10	38	317	871	329
船舶与海洋结构物设计制造 Ships and Marine Structures Design and Manufacture	11	49	101	506	194
轮机工程 Turbine Engineering	8	31	72	362	174
水声工程 Hydroacoustic Engineering	5	20	52	300	122
船舶与海洋工程学科 Ship and Ocean Engineering Subjects	12	62	233	865	260
水产品加工及贮藏工程 Aquatic Products Processing and Storing Engineering	5	2	3	15	9
水土保持与荒漠化防治 Water and Soil Conservancy and Desertification Control	12	69	90	419	133
水产养殖 Aquaculture	7	77	98	400	152
捕捞学 Science of Fishing	2	4	5	38	19
渔业资源 Fishery Resource	5	27	39	149	67
水产学科 Fishery Subjects	9	38	81	291	112

6-2 全国各海洋专业硕士研究生情况（2021年）
Postgraduate Students from Marine Specialities (2021)

专　业 Speciality	专业点数（个） Number of Speciality Agencies (unit)	学生数（人） Number of Students (person)			
		毕业生 Graduates	招　生 Entrants	在校生 Enrollment	预计毕业生数 Estimated Number of Graduates Next Year
合　计 Total	**430**	**5971**	**7817**	**22449**	**7576**
物理海洋学 Physical Oceanography	14	130	206	615	194
海洋化学 Marine Chemistry	14	107	143	408	129
海洋生物学 Marine Biology	20	193	263	811	262
海洋地质 Marine Geology	15	127	127	392	135
海洋科学学科 Marine Science Subjects	27	485	996	2487	729
水生生物学 Hydrobiology	29	160	186	515	166
水文学及水资源 Hydrology and Water Resource	36	327	343	1039	338
港口海岸及近海工程 Coastal Harbour and Offshore Engineering	14	264	297	870	291
油气井工程 Oil-Gas Well Engineering	11	179	52	492	218
油气田开发工程 Oil-Gas Field Development Engineering	11	440	162	1145	498
油气储运工程 Oil-Gas Storage and Transportation Engineering	10	216	117	616	256

6-2 续表 continued

专 业 Speciality	专业点数（个） Number of Speciality Agencies (unit)	学生数（人） Number of Students (person)			
		毕业生 Graduates	招 生 Entrants	在校生 Enrollment	预计毕业生数 Estimated Number of Graduates Next Year
石油与天然气工程学科 Oil and Natural Gas Engineering Subjects	17	96	901	1214	134
船舶与海洋结构物设计制造 Ships and Marine Structures Design and Manufacture	17	228	270	760	234
轮机工程 Turbine Engineering	12	234	220	675	238
水声工程 Hydroacoustic Engineering	6	94	106	309	91
船舶与海洋工程学科 Ship and Ocean Engineering Subjects	24	245	486	1179	317
水产品加工及贮藏工程 Aquatic Products Processing and Storing Engineering	13	28	18	51	19
船舶工程 Ship Engineering	3	147	0	198	198
石油与天然气工程 Oil and Natural Gas Engineering	9	504	1	677	672
海洋工程 Marine Engineering	2	53	0	72	72
水土保持与荒漠化防治 Water and Soil Conservancy and Desertification Control	31	354	346	1124	397
水产养殖 Aquaculture	22	402	403	1290	437
捕捞学 Science of Fishing	2	12	16	50	18
渔业资源 Fishery Resource	10	112	127	407	130
水产学科 Fishery Subjects	27	267	770	1928	483
渔业发展 Fishery Development	34	567	1261	3125	920

6-3 全国普通高等教育各海洋专业本科学生情况（2021年）
Undergraduates from Marine Specialities in the National Ordinary Higher Education (2021)

专 业 Speciality	专业点数（个） Number of Speciality Agencies (unit)	学生数（人） Number of Students (person)			
		毕业生 Graduates	招 生 Entrants	在校生 Enrollment	预计毕业生数 Estimated Number of Graduates Next Year
合 计 Total	**637**	**33180**	**38319**	**154521**	**38490**
海洋科学 Marine Science	33	1621	1464	7385	1927
海洋技术(注：可授理学或工学学士学位) Marine Technology (Note: It may confer bachelor's degrees in science and engineering.)	28	858	964	4282	1126
海洋资源与环境 Marine Living Resources and Environment	20	585	593	2570	693
海洋科学类专业 New Specialties Under the Category of Marine Sciences	11	0	1771	2138	0
新能源科学与工程 New Energy Science and Engineering	123	5180	5698	24965	6264
水声工程 Hydroacoustic Engineering	3	161	371	1108	195
海洋信息工程 Marine Information Engineering	2	0	0	76	0
土木、水利与海洋工程 Civil, Water Conservancy and Marine Engineering	2	0	1	338	0
水文与水资源工程 Hydrology and Water Resources Engineering	56	2578	1693	9929	2849

6-3 续表1 continued

专 业 Speciality	专业点数（个） Number of Speciality Agencies (unit)	学生数（人） Number of Students (person)			
		毕业生 Graduates	招 生 Entrants	在校生 Enrollment	预计毕业生数 Estimated Number of Graduates Next Year
港口航道与海岸工程 Harbour Channel and Coastal Engineering	34	2030	1534	7728	2289
水务工程 Water Works	10	426	379	1576	384
石油工程 Petroleum Engineering	23	2485	2625	10957	2599
油气储运工程 Oil and Gas Storage Engineering	36	2625	2817	11512	2929
海洋油气工程 Offshore Oil and Gas Engineering	11	383	535	1973	457
航海技术 Navigation Technology	17	2092	2752	10435	2673
轮机工程 Turbine Engineering	21	2751	2945	12326	3329
船舶电子电气工程 Marine Electronic and Electrical Engineering	12	824	1001	4011	1022
邮轮工程与管理 Cruise Engineering and Management	1	0	34	146	39
船舶与海洋工程 Ship and Marine Engineering	34	2425	2190	10404	2772
海洋工程与技术 Ocean Engineering and Technology	9	267	151	1111	285

6-3 续表2 continued

专　业 Speciality	专业点数（个） Number of Speciality Agencies (unit)	学生数（人） Number of Students (person)			
		毕业生 Graduates	招　生 Entrants	在校生 Enrollment	预计毕业生数 Estimated Number of Graduates Next Year
海洋资源开发技术 Marine Resources Exploitation Technology	15	412	474	1894	415
海洋机器人 Underwater Robot	1	0	0	119	0
海洋工程类专业 New Specialities of Marine Engineering	7	0	1481	1697	0
水质科学与技术 Water Quality Science and Technology	7	181	220	927	224
水土保持与荒漠化防治 Water and Soil Conservancy and Desertification Control	22	1000	833	3781	989
水产养殖学 Aquaculture	54	2945	3148	13390	3449
海洋渔业科学与技术 Science and Technology of Marine Fishery	10	371	498	1846	430
水族科学与技术 Science and Technology of Aquatic Animals	12	327	285	1471	401
水生动物医学 Aquatic Animal Medicine	8	161	403	1196	234
水产类专业 New Specialities of Aquiculture	5	0	915	1232	0
海洋药学 Marine Pharmacy	5	163	228	757	202
海事管理 Maritime Affairs Management	5	329	316	1241	314

6-4 全国高等职业教育各海洋专业本科学生情况（2021年）

Undergraduates from Marine Specialities in the Higher Vocational Education (2021)

专　业 Speciality	专业点数（个） Number of Speciality Agencies (unit)	学生数（人） Number of Students (person)			
		毕业生 Graduates	招　生 Entrants	在校生 Enrollment	预计毕业生数 Estimated Number of Graduates Next Year
合　计 Total	**5**	**0**	**441**	**991**	**25**
油气储运工程 Oil-Gas Storage and Transportation Engineering	1	0	98	326	0
石油工程技术 Petroleum Engineering Technology	1	0	69	69	0
新能源发电工程技术 New Energy Power Generation Engineering Technology	1	0	68	68	0
航海技术 Navigation Technology	1	0	121	285	11
水路运输与海事管理 Water Transportation and Maritime Management	1	0	85	243	14

6-5 全国高等职业教育各海洋专业专科学生情况（2021年）
Students from Marine Specialities of the Colleges for Professional Training in the Higher Vocational Education (2021)

专　业 Speciality	专业点数（个） Number of Speciality Agencies (unit)	学生数（人） Number of Students (person)			
		毕业生 Graduates	招　生 Entrants	在校生 Enrollment	预计毕业生数 Estimated Number of Graduates Next Year
合　计 **Total**	**809**	**37111**	**47619**	**135493**	**44830**
水产养殖技术 Aquaculture Technology	32	954	1418	4052	1251
海洋渔业技术 Marine Fishery Technology	1	0	4	4	0
水族科学与技术 Aquarium Science and Technology	2	64	104	277	79
水生动物医学 Aquatic Animal Medicine	3	4	127	162	31
渔业类专业 New Specialities of Fishery	1	1	0	0	0
水文与工程地质 Hydrology and Engineering Geology	13	577	695	1850	537
油气储运技术 Oil and Gas Storage and Transportation Technology	26	851	1086	3189	1017
油气地质勘探技术 Oil and Gas Geological Exploration Technology	6	239	268	984	287
钻井技术 Drilling Technology	2	113	241	788	322
油气智能开采技术 Oil and Gas Intelligent Exploitation Technology	10	190	385	1028	185

6-5 续表1 continued

专　业 Speciality	专业点数（个）Number of Speciality Agencies (unit)	学生数（人）Number of Students (person)			
		毕业生 Graduates	招　生 Entrants	在校生 Enrollment	预计毕业生数 Estimated Number of Graduates Next Year
油田化学应用技术 Oilfield Chemical Technology	5	170	206	776	261
石油工程技术 Petroleum Engineering Technology	20	588	1491	3847	787
风力发电工程技术 Wind Power Engineering Technology	30	1304	1271	3527	1064
新能源装备技术 New Energy Equipment Technology	33	723	1450	3321	1007
水文与水资源技术 Hydrology and Water Resources Technology	12	391	682	1765	475
水政水资源管理 Water Administration and Water Resources Management	4	134	65	357	161
水文水资源类专业 New Specialities of Hydrology and Water Resources	1	0	0	51	24
智能水务管理 Water Affairs Intelligent Management	9	281	581	1724	491
水土保持技术 Soil and Water Conservation Technology	10	234	341	777	186
水环境智能监测与治理 Water Environmental Intelligent Monitoring and Governance	8	105	374	1381	517
水生态修复技术 Water Ecological Restoration Technology	6	0	280	280	0
水土保持与水环境类 New Specialities of Water and Soil Conservancy and Water Environment	2	0	0	126	67

6-5 续表2 continued

专 业 Speciality	专业点数（个） Number of Speciality Agencies (unit)	学生数（人） Number of Students (person)			
		毕业生 Graduates	招 生 Entrants	在校生 Enrollment	预计毕业生数 Estimated Number of Graduates Next Year
船舶工程技术 Ship Engineering Technology	29	1840	2569	7834	2881
船舶动力工程技术 Ship Power Engineering Technology	15	699	892	2745	903
船舶电气工程技术 Ship Electrical Engineering Technology	12	638	803	2467	814
船舶智能焊接技术 Ship Intelligent Welding Technology	2	0	67	105	0
船舶舾装工程技术 Ship Equipment and Installations Engineering Technology	3	125	93	329	111
船舶涂装工程技术 Engineering Technology of Ship Painting	1	32	8	74	38
船舶通信装备技术 Ship Communication Equipment Technology	3	144	125	405	169
游艇设计与制造 Yacht Design and Manufacturing	8	329	278	847	328
海洋工程装备技术 Marine Engineering Equipment Technology	7	182	245	693	196
海洋化工技术 Marine Chemical Technology	6	129	144	483	147
航海技术 Nautical Technology	46	5201	8641	21960	6857

6-5 续表3 continued

专　业 Speciality	专业点数（个） Number of Speciality Agencies (unit)	学生数（人） Number of Students (person)			
		毕业生 Graduates	招　生 Entrants	在校生 Enrollment	预计毕业生数 Estimated Number of Graduates Next Year
港口与航道工程技术 Port and Waterway Engineering Technology	10	340	332	945	320
轮机工程技术 Turbine Engineering Technology	51	3636	5774	14907	4573
国际邮轮乘务管理 International Cruise Crew Management	119	5175	4506	13751	5270
水路运输安全管理 Waterway Transportation Safety Management	16	593	407	2102	824
港口机械与智能控制 Port Machinery and Intelligent Control	21	921	1010	3039	950
港口与航运管理 Harbour and Shipping Management	38	2344	2383	7338	2629
船舶电子电气技术 Electronic and Electrical Technology of Ships	20	917	1665	4246	1229
船舶检验 Ship Inspection	8	121	292	850	232
集装箱运输管理 Container Transportation Management	16	462	426	1171	305
水上运输类专业 New Specialities of Water Transportation	1	22	1	24	15
关务与外贸服务 Customs and Foreign Trade Services	124	5686	5040	15707	5844
港口物流管理 Port Logistics Management	17	652	849	3205	1446

6-6 全国成人高等教育各海洋专业本科学生情况（2021年）
Undergraduates from Marine Specialities in the National Adult Higher Education (2021)

专 业 Speciality	专业点数（个） Number of Speciality Agencies (unit)	学生数（人） Number of Students (person)			
		毕业生 Graduates	招 生 Entrants	在校生 Enrollment	预计毕业生数 Estimated Number of Graduates Next Year
合 计 **Total**	**130**	**2836**	**4012**	**9192**	**3929**
海洋科学 Marine Science	1	0	1	1	0
海洋技术 (注：可授理学或工学学士学位) Marine Technology (Note: It may confer bachelor's degrees in science and engineering.)	1	4	0	1	0
海洋资源与环境 Marine Living Resources and Environment	1	5	0	1	1
新能源科学与工程 New Energy Science and Engineering	12	17	145	208	63
水文与水资源工程 Hydrology and Water Resource Engineering	17	331	386	986	541
港口航道与海岸工程 Harbour Channel and Coastal Engineering	5	34	62	187	84
水务工程 Water Works	2	0	13	21	0
石油工程 Petroleum Engineering	12	809	1045	2472	1130

6-6 续表 continued

专 业 Speciality	专业点数（个） Number of Speciality Agencies (unit)	学生数（人） Number of Students (person)			
		毕业生 Graduates	招 生 Entrants	在校生 Enrollment	预计毕业生数 Estimated Number of Graduates Next Year
油气储运工程 Oil-Gas Storage and Transportation Engineering	15	308	437	863	385
海洋油气工程 Offshore Oil and Gas Engineering	1	0	0	1	1
航海技术 Navigation Technology	10	211	389	1 091	346
轮机工程 Turbine Engineering	10	253	256	742	291
船舶与海洋工程 Ship and Marine Engineering	13	639	803	1 618	713
海洋资源开发技术 Marine Resources Exploitation Technology	1	0	0	2	2
水土保持与荒漠化防治 Water and Soil Conservancy and Desertification Control	7	29	179	357	119
水产养殖学 Aquaculture	20	188	295	637	250
水族科学与技术 Science and Technology of Aquatic Animals	1	2	0	0	0
海事管理 Maritime Management	1	6	1	4	3

6-7 全国成人高等教育各海洋专业专科学生情况（2021年）
Students from Marine Specialities of the Colleges for Professional Training in the National Adult Higher Education (2021)

专 业 Speciality	专业点数（个） Number of Speciality Agencies (unit)	学生数（人） Number of Students (person)			
		毕业生 Graduates	招 生 Entrants	在校生 Enrollment	预计毕业生数 Estimated Number of Graduates Next Year
合 计 Total	**117**	**1445**	**1735**	**4623**	**2284**
水产养殖技术 Aquaculture Technology	10	409	240	939	388
水文与工程地质 Hydrology and Engineering Geology	4	4	17	29	2
油气储运技术 Oil and Gas Storage and Transportation Technology	8	25	58	182	119
油气地质勘探技术 Oil and Gas Geological Exploration Technology	1	100	0	48	48
钻井技术 Drilling Technology	4	86	63	180	32
油气智能开采技术 Oil and Gas Intelligent Exploitation	4	117	171	297	126
油田化学应用技术 Oilfield Chemical Application Technology	1	3	0	3	3
石油工程技术 Petroleum Engineering Technology	10	84	412	770	359
石油与天然气类专业 New Specialities of Oil and Gas	2	1	0	4	4
水文水资源类 New Specialities of Hydrology and Water Resources	1	6	0	3	3
水土保持技术 Soil and Water Conservation Technology	3	18	12	20	4

6-7 续表 continued

专 业 Speciality	专业点数（个） Number of Speciality Agencies (unit)	学生数（人） Number of Students (person)			
		毕业生 Graduates	招 生 Entrants	在校生 Enrollment	预计毕业生数 Estimated Number of Graduates Next Year
新能源装备技术 New Energy Equipment Technology	1	0	2	2	0
船舶工程技术 Ship Engineering Technology	14	186	280	511	221
船舶智能焊接技术 Ship Intelligent Welding Technology	1	5	4	14	10
游艇设计与制造 Yacht Design and Manufacturing	1	0	0	1	1
航海技术 Navigation Technology	16	176	238	868	531
港口与航道工程技术 Port and Waterway Engineering Technology	1	1	0	0	0
轮机工程技术 Turbine Engineering Technology	15	132	186	462	234
国际邮轮乘务管理 International Cruise Crew Management	7	21	3	38	23
水路运输安全管理 Waterway Transportation Safety Management	1	2	3	6	2
港口与航运管理 Harbour and Shipping Management	4	17	1	40	31
关务与外贸服务 Custom and Foreign Trade Services	5	2	2	34	14
港口物流管理 Port Logistics Management	3	50	43	172	129

6-8 全国中等职业教育各海洋专业学生情况（2021年）
Students from Marine Specialities in the National Secondary Vocational Education (2021)

专　业 Speciality	专业点数（个） Number of Speciality Agencies (unit)	学生数（人） Number of Students (person)			
		毕业生 Graduates	招　生 Entrants	在校生 Enrollment	预计毕业生数 Estimated Number of Graduates Next Year
合　计 Total	**239**	**8184**	**12571**	**33399**	**9912**
海水养殖 Mariculture	8	157	332	819	211
航海捕捞 Sea Fishing	1	25	0	70	64
渔业类专业 New Specialities of Fishery	2	402	149	959	337
水文地质与工程地质勘查 Hydrogeological and Engineering Geological Exploration	2	156	96	310	80
油气储运 Oil-Gas Storage and Transportation	2	172	245	325	171
石油地质录井与测井 Petroleum Geological Logging and Well Logging	2	93	64	211	87
石油钻井 Oil Drilling	3	76	145	432	130
油气开采 Oil and Gas Exploitation	3	44	47	133	61
石油与天然气类专业 New Specialities of Oil and Natural Gas	4	280	502	1322	265

注：此表不包含技工学校相关数据。

Note: Data related to technical schools are not included in the table.

6-8 续表1 continued

专　业 Speciality	专业点数（个） Number of Speciality Agencies (unit)	学生数（人） Number of Students (person)			
		毕业生 Graduates	招　生 Entrants	在校生 Enrollment	预计毕业生数 Estimated Number of Graduates Next Year
风力发电设备运行与维护 Operation and Maintenance of Power Generation Equipment in the Wind Power Station	18	574	980	2252	553
新能源发电工程类专业 New Specialities of New Energy Power Generation Engineering	3	62	29	163	69
水文与水资源勘测 Hydrological and Water Resources Survey	2	0	152	243	0
水土保持技术 Soil and Water Conservation Technology	1	0	1	1	1
新能源装备运行与维护 New Energy Equipment Operations and Maintenance	11	93	363	871	192
船体修造技术 Ship Hull Repair Technology	14	979	1267	3107	1001
船舶机械装置安装与维修 Installation and Maintenance of Ships' Mechanical Equipment	4	474	250	1289	514
船舶电气装置安装与调试 Installation and Commissioning of Marine Electrical Equipment	7	119	354	608	117
船舶与海洋工程装备类专业 New Specialities of Ship and Marine Engineering Equipment	1	32	42	113	31

6-8 续表2 continued

专　业 Speciality	专业点数（个） Number of Speciality Agencies (unit)	学生数（人） Number of Students (person)			
		毕业生 Graduates	招　生 Entrants	在校生 Enrollment	预计毕业生数 Estimated Number of Graduates Next Year
船舶驾驶 Ship Piloting	45	1430	3083	7938	2324
船舶机工与水手 Ship Mechanics and Sailors	24	1340	973	2949	1067
轮机维护与管理 Turbine Maintenance and Management	26	797	1602	3989	1324
邮轮乘务 Passenger Liner Service	29	267	969	2136	456
水路运输服务 Waterway Transport Service	5	67	272	669	174
港口机械运用与维修 Operation and Maintenance of Harbour Machinery	15	345	563	1958	513
外轮理货 Foreign Ships Freight Forwarding	2	22	12	59	30
工程潜水 Engineering Diving	1	32	24	43	19
船舶通信与导航 Ship Communication and Navigation	2	0	0	79	8
船舶检验 Ships Inspection	1	19	0	23	0
水上运输类专业 New Specialities of Water Transportation	1	127	55	328	113

6-9 分地区各海洋专业博士研究生情况（2021年）
Doctoral Students in Marine Specialities by Regions (2021)

地　区 Region	专业点数（个） Number of Speciality Agencies (unit)	学生数（人） Number of Students (person)			
		毕业生 Graduates	招　生 Entrants	在校生 Enrollment	预计毕业生数 Estimated Number of Graduates Next Year
合　计 Total	**190**	**1193**	**2089**	**9153**	**3777**
北　京 Beijing	20	320	391	1596	574
天　津 Tianjin	1	9	7	35	11
辽　宁 Liaoning	8	46	91	444	201
上　海 Shanghai	19	97	223	862	297
江　苏 Jiangsu	15	106	142	751	354
浙　江 Zhejiang	7	37	141	511	197
福　建 Fujian	10	44	88	421	180
山　东 Shandong	23	183	309	1336	468
广　东 Guangdong	22	57	108	372	128
广　西 Guangxi	1	2	0	2	2
海　南 Hainan	1	4	0	16	12
其　他 Others	63	288	589	2807	1353

6-10 分地区各海洋专业硕士研究生情况（2021年）
Postgraduate Students in Marine Specialities by Regions (2021)

地　区 Region	专业点数（个） Number of Speciality Agencies (unit)	学生数（人） Number of Students (person)			
		毕业生 Graduates	招　生 Entrants	在校生 Enrollment	预计毕业生数 Estimated Number of Graduates Next Year
合　计 Total	**430**	**5971**	**7817**	**22449**	**7576**
北　京 Beijing	30	516	677	2014	652
天　津 Tianjin	13	115	227	634	176
河　北 Hebei	10	19	54	120	18
辽　宁 Liaoning	25	514	642	1757	517
上　海 Shanghai	27	746	955	2839	964
江　苏 Jiangsu	38	495	694	1925	642
浙　江 Zhejiang	34	375	459	1452	522
福　建 Fujian	20	218	344	900	256
山　东 Shandong	51	730	983	2765	881
广　东 Guangdong	27	228	482	1211	313
广　西 Guangxi	7	24	120	264	55
海　南 Hainan	4	71	135	312	85
其　他 Others	144	1920	2045	6256	2495

6-11 分地区普通高等教育各海洋专业本科学生情况（2021年）
Undergraduates in the Marine Specialities of Ordinary Higher Education by Regions (2021)

地　区 Region	专业点数（个） Number of Speciality Agencies (unit)	学生数（人） Number of Students (person)			
		毕业生 Graduates	招　生 Entrants	在校生 Enrollment	预计毕业生数 Estimated Number of Graduates Next Year
合　计 Total	**637**	**33180**	**38319**	**154521**	**38490**
北　京 Beijing	19	1066	1109	4834	1138
天　津 Tianjin	25	1079	1239	4974	1186
河　北 Hebei	25	907	710	3812	1083
辽　宁 Liaoning	43	2970	3379	13566	3521
上　海 Shanghai	27	1480	1512	6469	1688
江　苏 Jiangsu	66	3248	3524	14208	3641
浙　江 Zhejiang	35	1393	1710	6349	1670
福　建 Fujian	30	1683	2076	8526	2368
山　东 Shandong	63	3420	4131	17247	4045
广　东 Guangdong	44	2352	3671	12821	2964
广　西 Guangxi	14	736	1021	3989	996
海　南 Hainan	13	467	810	2837	664
其　他 Others	233	12379	13427	54889	13526

6-12 分地区高等职业教育各海洋专业本科学生情况（2021年）
Undergraduates in the Marine Specialities of Higher Vocational Education by Regions (2021)

地　区 Region	专业点数（个） Number of Speciality Agencies (unit)	学生数（人） Number of Students (person)			
		毕业生 Graduates	招　生 Entrants	在校生 Enrollment	预计毕业生数 Estimated Number of Graduates Next Year
合　计 Total	**5**	**0**	**441**	**991**	**25**
北　京 Beijing					
天　津 Tianjin					
河　北 Hebei	1	0	69	69	0
辽　宁 Liaoning					
上　海 Shanghai					
江　苏 Jiangsu	1	0	68	68	0
浙　江 Zhejiang					
福　建 Fujian	1	0	98	326	0
山　东 Shandong					
广　东 Guangdong					
广　西 Guangxi					
海　南 Hainan	2	0	206	528	25
其　他 Others					

6-13 分地区高等职业教育各海洋专业专科学生情况（2021年）
Students from Marine Specialities of the Colleges for Professional Training in the Higher Vocational Education by Regions (2021)

地　区 Region	专业点数（个） Number of Speciality Agencies (unit)	学生数（人） Number of Students (person)			
		毕业生 Graduates	招　生 Entrants	在校生 Enrollment	预计毕业生数 Estimated Number of Graduates Next Year
合　计 **Total**	**809**	**37111**	**47619**	**135493**	**44830**
北　京 Beijing	2	0	13	59	0
天　津 Tianjin	29	2656	2868	8547	2775
河　北 Hebei	48	1231	1686	5029	1389
辽　宁 Liaoning	55	2845	3369	12278	4831
上　海 Shanghai	20	894	652	2072	863
江　苏 Jiangsu	57	3737	4415	12243	4065
浙　江 Zhejiang	26	2233	2469	6272	2317
福　建 Fujian	39	2079	2952	9329	3767
山　东 Shandong	125	6324	7644	20590	6705
广　东 Guangdong	39	1967	2476	7026	2270
广　西 Guangxi	36	1265	1843	4625	1295
海　南 Hainan	12	349	503	1573	521
其　他 Others	321	11531	16729	45850	14032

6-14 分地区成人高等教育各海洋专业本科学生情况（2021年）
Students from Marine Specialities in the Adult Higher Education by Regions (2021)

地　区 Region	专业点数（个） Number of Speciality Agencies (unit)	学生数（人） Number of Students (person)			
		毕业生 Graduates	招　生 Entrants	在校生 Enrollment	预计毕业生数 Estimated Number of Graduates Next Year
合　计 Total	**141**	**3948**	**4889**	**10955**	**4766**
北　京 Beijing	4	22	23	121	51
天　津 Tianjin	3	2	34	34	0
河　北 Hebei	2	6	0	1	0
辽　宁 Liaoning	14	216	459	1086	343
上　海 Shanghai	3	131	159	518	176
江　苏 Jiangsu	14	580	686	1433	627
浙　江 Zhejiang	2	36	52	89	37
山　东 Shandong	15	472	665	1455	684
广　东 Guangdong	8	72	153	406	105
广　西 Guangxi	8	59	95	160	65
其　他 Others	68	2352	2563	5652	2678

6-15 分地区成人高等教育各海洋专业专科学生情况（2021年）
Students from Marine Specialities of the Colleges for Professional Training in the Adult Higher Education by Regions (2021)

地　区 Region	专业点数（个） Number of Speciality Agencies (unit)	学生数（人） Number of Students (person)			
		毕业生 Graduates	招　生 Entrants	在校生 Enrollment	预计毕业生数 Estimated Number of Graduates Next Year
合　计 Total	**117**	**1445**	**1735**	**4623**	**2284**
北　京 Beijing	2	0	0	41	41
天　津 Tianjin	1	8	0	2	2
河　北 Hebei	6	5	180	216	27
辽　宁 Liaoning	17	140	257	578	304
上　海 Shanghai	5	107	41	290	138
江　苏 Jiangsu	14	211	252	682	346
浙　江 Zhejiang	6	40	38	287	249
福　建 Fujian	1	302	216	777	281
山　东 Shandong	3	31	61	118	57
广　东 Guangdong	7	119	42	240	197
广　西 Guangxi	4	16	13	20	3
海　南 Hainan	2	3	1	6	5
其　他 Others	49	463	634	1366	634

6-16 分地区中等职业教育各海洋专业学生情况（2021年）
Students from Marine Specialities in the Secondary Vocational Education by Regions (2021)

地　区 Region	专业点数（个） Number of Speciality Agencies (unit)	学生数（人） Number of Students (person)			
		毕业生 Graduates	招　生 Entrants	在校生 Enrollment	预计毕业生数 Estimated Number of Graduates Next Year
合　计 Total	**239**	**8184**	**12571**	**33399**	**9912**
北　京 Beijing	1	9	0	0	0
天　津 Tianjin	1	185	0	0	0
河　北 Hebei	18	755	559	1673	476
辽　宁 Liaoning	20	293	1481	3071	545
上　海 Shanghai	17	1407	965	3457	1236
江　苏 Jiangsu	18	465	492	1479	434
浙　江 Zhejiang	15	307	662	1760	470
福　建 Fujian	10	217	791	1902	485
山　东 Shandong	25	1469	1962	5306	1985
广　东 Guangdong	9	396	432	1278	462
广　西 Guangxi	12	327	909	2766	1033
海　南 Hainan	3	37	69	105	14
其　他 Others	90	2317	4249	10602	2772

6-17 分地区开设海洋专业高等学校教职工数（2021年）
Number of Teaching and Administrative Staff in the Universities and Colleges Offering Marine Specialities by Regions (2021)

地 区 Region	学校（机构）数 （个） Number of Colleges (Institutions) (unit)	教职工数 （人） Number of Teaching and Administrative Staff (person)	专任教师数 （人） Number of Full-Time Teachers (person)
合 计 Total	**572**	**788990**	**520605**
北 京 Beijing	11	27959	16246
天 津 Tianjin	14	16862	11850
河 北 Hebei	29	32656	23729
辽 宁 Liaoning	31	28291	19016
上 海 Shanghai	18	34953	18473
江 苏 Jiangsu	41	63055	42492
浙 江 Zhejiang	18	27130	16543
福 建 Fujian	17	24924	16380
山 东 Shandong	56	77645	55720
广 东 Guangdong	36	61660	38497
广 西 Guangxi	21	25613	17452
海 南 Hainan	7	7655	5261
其 他 Others	273	360587	238946

主要统计指标解释

海洋专业　指高等教育和中等职业教育所设的与海洋有关的专业。

Explanatory Note on Main Statistical Indicators

Marine Speciality　refers to the marine-related speciality in the higher education and the secondary vocational education.

7

海洋生态环境与防灾减灾

Marine Ecological Environment and Disaster Mitigation

7-1 管辖海域未达到第一类海水水质标准的海域面积（2021年）

Sea Area Under National Jurisdiction with Water Quality Not Up to the Standard of Grade I (2021)

海　区 Sea Area	合　计 （平方千米） Total (km^2)	第二类水质海域面积 （平方千米） Area of the Second Grade Sea Waters (km^2)	第三类水质海域面积 （平方千米） Area of the Third Grade Sea Waters (km^2)
海区合计 Total Sea Area	**70000**	**30540**	**10960**
渤　海 Bohai Sea	12850	7710	2720
黄　海 Yellow Sea	9520	6310	1830
东　海 East China Sea	35970	11450	3490
南　海 South China Sea	11660	5070	2920

7-1 续表 continued

海　区 Sea Area	第四类水质海域面积 （平方千米） Area of the Fourth Grade Sea Waters (km^2)	劣于第四类水质海域面积 （平方千米） Sea Area of the Sea Waters Inferior to the Fourth Grade (km^2)
海区合计 Total Sea Area	**7150**	**21350**
渤　海 Bohai Sea	820	1600
黄　海 Yellow Sea	720	660
东　海 East China Sea	4720	16310
南　海 South China Sea	890	2780

7-2 海区废弃物海洋倾倒情况（2021年）
Ocean Dumping of Wastes by Sea Areas (2021)

单位：立方米 (m^3)

海　区 Sea Area	疏浚物 Dredged Materials
合　计 Total	**270036838**
渤黄海 Bohai Sea and Yellow Sea	64384152
东　海 East China Sea	131868849
南　海 South China Sea	73783837

7-3 海洋自然保护区建设情况（2021年）
Construction of Marine Nature Reserves (2021)

地 区 Region	保护区面积 （平方千米） Area of Nature Reserves (km^2)	保护区数量 （个） Number of Nature Reserves (unit)	按保护级别分 （个） By Level of Protection (unit)	
			国家级 National	地方级 Provincial
合 计 Total	**69642**	**66**	**14**	**52**
天 津 Tianjin	359	1	1	0
河 北 Hebei	379	2	1	1
辽 宁 Liaoning	867	4	1	3
上 海 Shanghai	10	1	0	1
江 苏 Jiangsu	34	1	0	1
浙 江 Zhejiang	686	2	2	0
福 建 Fujian	315	6	1	5
山 东 Shandong	1427	9	1	8
广 东 Guangdong	1464	27	3	24
广 西 Guangxi	160	3	2	1
海 南 Hainan	63941	10	2	8

7-4 海洋特别保护区建设情况（2021年）
Construction of Marine Special Reserves (2021)

地　区 Region	保护区面积 （平方千米） Area of Nature Reserves (km^2)	保护区数量 （个） Number of Nature Reserves (unit)	按保护级别分 （个） By Level of Protection (unit)	
			国家级 National	地方级 Provincial
合　计 Total	**9456**	**79**	**67**	**12**
天　津 Tianjin	142	1	1	0
河　北 Hebei	101	1	1	0
辽　宁 Liaoning	1421	10	10	0
上　海 Shanghai	0	0	0	0
江　苏 Jiangsu	580	3	3	0
浙　江 Zhejiang	3442	14	7	7
福　建 Fujian	237	7	7	0
山　东 Shandong	3177	31	28	3
广　东 Guangdong	202	7	6	1
广　西 Guangxi	60	2	2	0
海　南 Hainan	94	3	2	1

7-5 重点海洋生态监测区域基本情况（2021年）
Basic Condition of the Key Marine Ecological Monitored Areas (2021)

重点监测区域 Key Monitored Area	所在地 Location	面积（平方千米） Area (km^2)	主要生态系统类型 Major Types of Ecosystem	多样性指数 Diversity Indices		
				浮游植物 Phyto-plankton	大型浮游动物 Macrozoo-plankton	大型底栖生物 Macrobenthos
鸭绿江口 Yalu River Estuary	辽宁省 Liaoning Province	1900	河口 Estuary	2.77	2.94	2.22
双台子河口 Shuangtaizi Estuary	辽宁省 Liaoning Province	3000	河口 Estuary	3.18	2.10	1.76
滦河口－北戴河 Luanhe Estuary-Beidaihe	河北省 Hebei Province	900	河口 Estuary	2.36	2.37	2.24
黄河口 Yellow River Estuary	山东省 Shandong Province	2600	河口 Estuary	2.29	2.63	3.38
长江口 Yangtze River Estuary	上海市 Shanghai Municipality	13668	河口 Estuary	0.52	2.76	1.58
闽江口 Minjiang Estuary	福建省 Fujian Province	1400	河口 Estuary	2.11	2.96	2.24
珠江口 Pearl River Estuary	广东省 Guangdong Province	3980	河口 Estuary	2.07	2.82	2.18

注：生物多样性指数是生物种数和种类间个体数量分配均匀性的综合表现，用Shannon-Wiener多样性指数表征。

Note: Biodiversity index refers to the comprehensive expression of the distributive homogeneity of the number of biological species and the number of individuals between varieties characterized by the Shannon-Wiener biodiversity index.

7-5 续表 continued

重点监测区域 Key Monitored Area	所在地 Location	面积（平方千米） Area (km^2)	主要生态系统类型 Major Types of Ecosystem	多样性指数 Diversity Indices		
				浮游植物 Phyto-plankton	大型浮游动物 Macrozoo-plankton	大型底栖生物 Macrobenthos
渤海湾 Bohai Bay	天津市 Tianjin Municipality	3000	海湾 Bay	3.43	2.59	2.33
莱州湾 Laizhou Bay	山东省 Shandong Province	3770	海湾 Bay	2.72	2.82	3.41
胶州湾 Jiaozhou Bay	山东省 Shandong Province	900	海湾 Bay	3.18	3.14	3.68
杭州湾 Hangzhou Bay	上海市、浙江省 Shanghai Municipality, Zhejiang Province	5000	海湾 Bay	1.84	2.49	0.25
乐清湾 Yueqing Bay	浙江省 Zhejiang Province	464	海湾 Bay	2.25	3.12	1.99
闽东沿岸 Coastal East Fujian	福建省 Fujian Province	5063	海湾 Bay	1.77	2.89	2.63
大亚湾 Daya Bay	广东省 Guangdong Province	1200	海湾 Bay	2.20	3.56	1.84
北部湾 Beibu Gulf	广西壮族自治区 Guangxi Zhuang Autonomous Region	9000	海湾 Bay	2.62	3.05	2.04
苏北浅滩 Northern Jiangsu Wetland	江苏省 Jiangsu Province	15400	滩涂湿地 Tidal Flat Wetland	2.86	1.84	0.28

7-6 沿海地区主要海洋灾害损失情况（2021年）
Survey of Marine Disasters by Coastal Regions (2021)

受灾地区 Disaster Area	发生次数 (Frequency of occurrence)	致灾原因 Cause of Disaster	死亡（含失踪）人数（人） Death Toll (Including missing people) (person)	直接经济损失（亿元） Direct Economic Loss (100 million yuan)
合　计 **Total**	**19**	风暴潮、海浪、海冰 **Storm Surge, Sea Wave, Sea Ice**	**28**	**30.70**
天　津 Tianjin	0	无 Nil	0	0.00
河　北 Hebei	2	风暴潮 Storm Surge	0	0.92
辽　宁 Liaoning	1	风暴潮 Storm Surge	1	8.75
上　海 Shanghai	2	风暴潮 Storm Surge	0	0.51
江　苏 Jiangsu	5	风暴潮、海浪、海冰 Storm Surge, Sea Wave, Sea Ice	15	6.03
浙　江 Zhejiang	4	风暴潮、海浪 Storm Surge, Sea Wave	9	9.57
福　建 Fujian	4	风暴潮、海浪 Storm Surge, Sea Wave	0	0.50
山　东 Shandong	3	风暴潮、海浪 Storm Surge, Sea Wave	0	2.70
广　东 Guangdong	2	风暴潮 Storm Surge	0	0.28
广　西 Guangxi	4	风暴潮、海浪 Storm Surge, Sea Wave	0	0.73
海　南 Hainan	3	风暴潮、海浪 Storm Surge, Sea Wave	3	0.71

注：合计发生次数与各省发生次数的总和不一致，是由于存在一次灾害过程影响多个省份的情况。

Note: The inconsistency between the summations of total and provincial occurrences is due to the fact that a single disaster process affects mutiple provinces.

7-7 各海域发现赤潮情况（2021年）
Statistics of Red Tide Disasters Found in Sea Areas (2021)

发现海域 Discovery sea area	赤潮发现次数 （次） Frequency of occurrence (time)	赤潮累计面积 （平方千米） Cumulative area (km^2)
合　计 **Total**	**58**	**23277**
渤海海域 Bohai Sea	12	6882
黄海海域 Yellow Sea	4	3103
东海海域 East China Sea	26	7096
南海海域 South China Sea	16	6196

7-8 沿海地区赤潮灾害情况（2021年）
Survey of Red Tide Disasters by Coastal Regions (2021)

时　间 Date	影响区域 Affected Area	最大面积 （平方千米） Max Area (km^2)
合　计 **Total**		**16565**
2月14日至17日 Feb. 14 – Feb. 17	广西 涠洲岛以西海域 Sea area west of Weizhou Island, Guangxi Province	6000
4月22日至5月7日 Apr. 22 – May 7	浙江 渔山列岛周边海域 Sea area around Yushan Archipelago, Zhejiang Province	380
4月27日至5月16日 Apr. 27 – May 16	浙江 温州近岸至领海基线海域 Sea area from Wenzhou nearshore to the territorial sea baseline, Zhejiang Province	722
4月27日至5月17日 Apr. 27 – May 17	浙江 台州近岸至领海基线海域 Sea area from Taizhou nearshore to the territorial sea baseline, Zhejiang Province	926
6月3日至10日 Jun. 3 – Jun. 10	浙江 温州沿北麂列岛、南麂列岛及苍南一线海域 Sea area along the Beiji Archipelago, Nanji Archipelago and Cangnan, Wenzhou, Zhejiang Province	764
6月22日至26日 Jun. 22 – Jun. 26	浙江 舟山嵊泗附近海域 Sea area near Shengsi, Zhoushan, Zhejiang Province	150
6月25日至28日 Jun. 25 – Jun. 28	浙江 嵊泗附近海域 Sea area near Shengsi, Zhejiang Province	200
7月7日至9日 Jul. 7 – Jul. 9	浙江 象山港口到强蛟镇之间海域 Sea area from Xiangshan Port to Qiangjiao Town, Zhejiang Province	100
7月8日至15日 Jul. 8 – Jul. 15	浙江 普陀附近海域 Sea area near Putuo, Zhejiang Province	100

注：本表仅列出最大面积超过100平方千米（含）的赤潮过程。

Note: This table only lists the red tide processes with the maximum area each exceeding (including) 100 km^2.

7-8 续表 continued

时　间 Date	影响区域 Affected Area	最大面积（平方千米） Max Area (km^2)
8月30日至9月3日 Aug. 30 – Sep. 3	浙江 舟山市普陀区朱家尖岛以东海域 Sea area to the east of Zhujiajian Island, Putuo District, Zhoushan City, Zhejiang Province	150
9月1日至8日 Sep. 1 – Sep. 8	浙江 台州沿岸以东海域及玉环以南海域 The sea area to the east of Taizhou coast and the sea area to the south of Yuhuan, Zhejiang Province	1084
9月1日至8日 Sep. 1 – Sep. 8	浙江 温州洞头列岛周边，苍南、平阳近岸海域 The coastal waters of Cangnan and Pingyang around the Dongtou Islands in Wenzhou, Zhejiang Province	325
9月1至10月21日 Sep. 1 – Oct. 21	天津 大神堂、北疆电厂取水口、东疆湾海水浴场、临港经济区、大港滨海湿地、天津港保税区附近海域 Great Shentang, water intake of Beijiang power plant, Dongjiang Bay bathing beach, Port Economic Zone, Dagang coastal wetland, and sea area near Tianjin Port Free Trade Zone, Tianjin	104
9月3日至7日 Sep. 3 – Sep. 7	浙江 舟山市普陀中街山列岛南面海域 The sea area south of Zhongjieshan Archipelago in Putuo, Zhoushan City, Zhejiang Province	100
9月17日至10月6日 Sep. 17 – Oct. 6	浙江 温州洞头列岛、北麂列岛和南麂列岛附近海域 Sea area near the Dongtou Archipelago, Beiji Archipelago and Nanji Archipelago in Wenzhou, Zhejiang Province	343
9月19日至10月6日 Sep. 19 – Oct. 6	浙江 台州温岭、玉环沿岸和大鹿岛以南 Wenling-Yuhuan coast and the south of Dalu Island, Taizhou, Zhejiang Province	1311
9月26日至30日 Sep. 26 – Sep. 30	浙江 宁波石浦至渔山列岛中间海域 Middle sea area between Shipu and Yushan Archipelago in Ningbo, Zhejiang Province	120
10月27日至11月5日 Oct. 27 – Nov. 5	山东 东营近岸海域 Dongying offshore area, Shandong Province	1052
11月15日至28日 Nov. 15 – Nov. 28	山东 长岛海域 Long island sea area, Shandong Province	170
11月27日至12月16日 Nov. 27 – Dec. 16	山东 烟威近岸 Yantai and Weihai nearshore, Shandong Province	921
12月4日至21日 Dec. 4 – Dec. 21	山东 青岛市黄岛和胶南附近海域 Sea areas near Huangdao and Jiaonan waters, Qingdao, Shandong Province	1543

8

海洋行政管理及公益服务

Marine Administration and Public-Good Service

8-1 分地区海域使用权出让和审批情况（2021年）
Granting and Approval of Sea Area Use Right by Regions (2021)

地　区 Region	新增宗海数量（宗） Number of Newly-Added Seas (plot)	#经营性项目 Profit Projects	新增宗海面积（公顷） Area of Newly-Added Seas (hm^2)	#经营性项目 Profit Projects	海域使用金应缴金额（万元） Payable Fees for Sea Area Use (10000 yuan)	海域使用金减免金额（万元） Amount of Reduction or Exemption Charge for Sea Area Use (10000 yuan)
全国总计 National Total	**3491**	**3190**	**225976.33**	**220771.77**	**756093.04**	**187630.17**
天　津 Tianjin	37	35	455.99	444.47	44780.54	26484.04
河　北 Hebei	188	179	3256.92	3176.88	136319.40	104456.36
辽　宁 Liaoning	287	285	71204.76	71163.19	22005.46	164.57
上　海 Shanghai	3	2	76.59	73.04	1569.06	37.23
江　苏 Jiangsu	302	287	53142.72	51843.19	46681.49	7155.86
浙　江 Zhejiang	171	95	3087.61	2688.42	127793.59	6550.56
福　建 Fujian	252	180	29353.61	27807.47	135027.52	11705.27
山　东 Shandong	1761	1727	49562.34	49263.67	46923.18	9143.62
广　东 Guangdong	302	265	7787.58	6879.57	114903.89	4358.43
广　西 Guangxi	118	95	6207.59	5872.19	21658.23	16500.35
海　南 Hainan	62	32	1147.96	867.03	15614.63	1073.87
其　他 Others	8	8	692.68	692.68	42816.05	0.00

注：其他为沿海省（自治区、直辖市）管理海域以外（指渤海中部海域）。

Note: Others are the sea areas outside the control of coastal provinces, autonomous regions and municipalities directly under the Central Government (Referring to the central Bohai Sea area).

8-2 沿海地区海滨观测台站分布概况（2021年）
Distribution of Coastal Observation Stations by Coastal Regions (2021)

地 区 Region	合 计 Total	海洋站（个）Marine Station (Unit)	验潮站[①]（处）Tide Station (Unit)	气象台站（个）Meteorological Station (Unit)	地震台站[③]（个）Seismic Station (Unit)
合 计 Total	**3772**	**154**	**271**	**877**	**2468**
天 津 Tianjin	**188**	4	2	20	162
河 北 Hebei	**413**	7		25	381
辽 宁 Liaoning	**276**	11	3	76	186
上 海 Shanghai	**159**	9	43	14	93
江 苏 Jiangsu	**367**	12	75	35	245
浙 江 Zhejiang	**489**	25	38	171	255
福 建 Fujian	**464**	17	11	142	294
山 东 Shandong	**512**	25	3	63	421
广 东 Guangdong	**597**	22	89	255	231
广 西 Guangxi	**172**	7	4	26	135
海 南 Hainan	**131**	15	3	48	65
其 他 Others	**2**			2[②]	

注：①潮流量观测站107处，潮水位观测站164处。
②南极中山站气象台站和长城站气象台站由中国气象科学研究院主管。
③地震台站统计口径发生变化，由国家级台站和省级台站合计数调整为国家地震台、省地震台、中心站、一般监测站合计数。

Note: ①There are 107 tidal current observation stations and 164 tidal level observation stations.
②Meteorological stations in Antarctic Zhongshan Station and Antarctic Great Wall Station are supervised by the Chinese Academy of Meteorological Sciences.
③The statistical caliber has changed and the seismic station data are the combined count of national seismic stations, provincial seismic stations, central stations and general monitoring stations.

8-3 国家级海洋预报服务概况（2021年）
National Level Marine Forecast Service (2021)

单位：次 (time)

预报项目 Item	数值预报 Numerical Forecast			
	预报服务次数 Frequency	发布次数 Frequency of Release		
		广播电视 Radio and TV	互联网 Internet	纸 质 Paper Media
合 计 **Total**	**7594**	**365**	**9317**	**102**
海 浪 Sea Wave	730	365	730	
海 温 Sea Surface Temperature	2190		2190	
潮 汐 Tide				
海 流 Sea Current	2190		2190	
海平面 Sea Level				
盐 度 Salinity	2190		2190	
赤 潮 Red Tide				
滨海旅游 Coastal Tourism				
海 冰 Sea Ice	192		192	
绿 潮 Green Tide	1			1
溢 油 Oil Spill	5			5
厄尔尼诺 El Niño	15			15
专 项 Special Item			1825	
其 他 Others	81			81

8-3 续表 continued

预报项目 Item	统计预报 Statistical Forecast			
	预报服务次数 Frequency	发布次数 Frequency of Release		
		广播电视 Radio and TV	互联网 Internet	纸 质 Paper Media
合 计 **Total**	**27365**	**4389**	**25259**	**10914**
海 浪 Sea Wave	916	730	916	10760
海 温 Sea Surface Temperature	5127	3285	2190	52
潮 汐 Tide				
海 流 Sea Current	730		730	
海平面 Sea Level				
盐 度 Salinity				
赤 潮 Red Tide	16		16	
滨海旅游 Coastal Tourism	2927	365	2927	
海 冰 Sea Ice	63	9	27	27
绿 潮 Green Tide				
溢 油 Oil Spill				
厄尔尼诺 El Niño	15			15
专 项 Special Item	17511		18453	
其 他 Others	60			60

8-4 海洋观测情况（2021年）
Statistics on Ocean Observation (2021)

观测项目 Observation Item	志愿船 Volunteer Ship	断面 Section	台站 Station	浮标 Buoy	雷达 Radar	GNSS Global Navigation Satellite System
站点数（个） Stations (unit)	41①	119②	164	42	41	49
观测数据（MB） Data (MB)	3113.0	645.1	17162.2	696.3	758773.8	49254.4

注：①计量单位为艘；②计量单位为条。

Notes: ① The unit of measurement is ship.

② The unit of measurement is piece.

8-5 海洋调查情况（2021年）
Marine Survey Statistics (2021)

调查类别 Name	站点数（个） Number of Stations (unit)	船舶数（艘） Number of Ships (unit)	项目数（个） Number of Items (unit)	实际获得数据 Quantity of Data Actually Obtained	
				（个）(Unit)	(MB)
合 计 Total	**2818**	29	37	**28967**	**10721223**
大洋调查 Oceanic Survey	755	9	5	8753	1452509
极地调查 Polar Survey	198	2	3	236	7410782
其他调查 Other Surveys	1865	18	29	19978	1857932

注：数据来源于自然资源部北海局、东海局、南海局、中国地质调查局、中国大洋矿产资源研究开发协会办公室、中国极地研究中心、第一海洋研究所、第三海洋研究所、第四海洋研究所。

Note: The data come from the North Sea, East China Sea and South China Sea Bureaus, China Geological Survey, Office of the China Ocean Mineral Resources R&D Association, China Polar Research Centre, First Institute of Oceanography, Third Institute of Oceanography and Fourth Institute of Oceanography of the Ministry of Natural Resources.

8-6 海洋标准化管理情况（2021年）
Management of Marine Standardization (2021)

单位：项 (item)

指　标 Item	指标值 Data
标准立项 **Standards Proposal Approval**	**58**
国家标准 National Standards	4
行业标准 Professional Standards	54
标准审查 **Standards Examination**	**157**
国家标准 National Standards	26
行业标准 Professional Standards	131
标准发布 **Standards Issuing**	**30**
国家标准 National Standards	1
行业标准 Professional Standards	29
标准出版 **Standards Publication**	**29**
国家标准 National Standards	0
行业标准 Professional Standards	29
标准实施监督检查（次） **Supervision and Examination of Standards Implementation (time)**	**1**

主要统计指标解释

1. 断面观测 每年定期利用船舶在沿海设定的断面上进行海洋水文、气象、生物、化学等项目的监测活动。

2. 浮标观测 在海上固定站位获取长期、连续海洋环境观测资料的海上锚定资料浮标。

3. 大洋调查 以大洋科考、研究为目的的远洋调查。

4. 极地调查 以极地科考、研究为目的的调查。

5. 国家标准 针对海洋领域内需要在全国范围内统一的有关技术要求所制定的国家标准。海洋国家标准由国家标准化主管部门统一批准、编号和发布。

6. 行业标准 对没有海洋国家标准而又需要在海洋领域内统一的技术要求所制定的标准。海洋行业标准由自然资源部统一批准、编号和发布。

Explanatory Notes on Main Statistical Indicators

1. Sectional Monitoring refers to the monitoring activities concerning such items as marine hydrology, meteorology, biology and chemistry carried out regularly every year on the sections set in the coastal area.

2. Buoy Monitoring refers to the monitoring carried out by the offshore mooring data buoys which acquire long-term, continuous marine environmental observations at the fixed stations at sea.

3. Oceanic Survey refers to the oceanic surveys aimed at the oceanic scientific investigations and research.

4. Polar Survey refers to the polar surveys aimed at the polar scientific investigations and research.

5. National Standards refer to the standards formulated in view of the relevant technical requirements in the marine field that need to be unified throughout the country. The marine national standards are approved, numbered and issued uniformly by the state department responsible for standardization.

6. Professional Standards refer to the standards formulated for the technical requirements which have no national standards but need to be unified in the marine field. The marine professional standards are approved, numbered and issued by the Ministry of Natural Resources.

9

全国及沿海社会经济

National and Coastal Socioeconomy

9-1 国内生产总值
Gross Domestic Product

单位：亿元 (100 million yuan)

年 份 Year	国内生产总值 Gross Domestic Product	第一产业 Primary Industry	第二产业 Secondary Industry	第三产业 Tertiary Industry
2001	110863.1	15502.5	49659.4	45701.2
2002	121717.4	16190.2	54104.1	51423.1
2003	137422.0	16970.2	62695.8	57756.0
2004	161840.2	20904.3	74285.0	66650.9
2005	187318.9	21806.7	88082.2	77430.0
2006	219438.5	23317.0	104359.2	91762.2
2007	270092.3	27674.1	126630.5	115787.7
2008	319244.6	32464.1	149952.9	136827.5
2009	348517.7	33583.8	160168.8	154765.1
2010	412119.3	38430.8	191626.5	182061.9
2011	487940.2	44781.5	227035.1	216123.6
2012	538580.0	49084.6	244639.1	244856.2
2013	592963.2	53028.1	261951.6	277983.5
2014	643563.1	55626.3	277282.8	310654.0
2015	688858.2	57774.6	281338.9	349744.7
2016	746395.1	60139.2	295427.8	390828.1
2017	832035.9	62099.5	331580.5	438355.9
2018	919281.1	64745.2	364835.2	489700.8
2019	986515.2	70473.6	380670.6	535371.0
2020	1013567.0	78030.9	383562.4	551973.7
2021	1143669.7	83085.5	450904.5	609679.7

注：数据来源于《中国统计年鉴2022》（除特别注明外，本部分其他表同）。

Note: The data come from the *China Statistical Yearbook 2022*. Unless otherwise specified, the same applies to the other tables in Part 9.

9-2 国内生产总值增长速度
Growth Rate of Gross Domestic Product

单位：%　　(%)

年　份 Year	国内生产总值 Gross Domestic Product	第一产业 Primary Industry	第二产业 Secondary Industry	第三产业 Tertiary Industry
2001	8.3	2.6	8.5	10.3
2002	9.1	2.7	9.9	10.5
2003	10.0	2.4	12.7	9.5
2004	10.1	6.1	11.1	10.1
2005	11.4	5.1	12.1	12.4
2006	12.7	4.8	13.5	14.1
2007	14.2	3.5	15.1	16.1
2008	9.7	5.2	9.8	10.5
2009	9.4	4.0	10.3	9.6
2010	10.6	4.3	12.7	9.7
2011	9.6	4.2	10.7	9.5
2012	7.9	4.5	8.4	8.0
2013	7.8	3.8	8.0	8.3
2014	7.4	4.1	7.2	8.3
2015	7.0	3.9	5.9	8.8
2016	6.8	3.3	6.0	8.1
2017	6.9	4.0	5.9	8.3
2018	6.7	3.5	5.8	8.0
2019	6.0	3.1	4.9	7.2
2020	2.2	3.1	2.5	1.9
2021	8.1	7.1	8.2	8.2

注：本表按不变价格计算（上年为基期）。

Note: This table is calculated at constant price (with the previous year as the base period).

9-3 沿海地区生产总值（2021年）
Gross Regional Product of Coastal Regions (2021)

单位：亿元 (100 million yuan)

地　区 Region	地区生产总值 Gross Regional Product	第一产业 Primary Industry	第二产业 Secondary Industry	第三产业 Tertiary Industry
合　计 Total	**604257.2**	**32949.4**	**243206.4**	**328101.5**
天　津 Tianjin	15695.0	225.4	5854.3	9615.4
河　北 Hebei	40391.3	4030.3	16364.2	19996.7
辽　宁 Liaoning	27584.1	2461.8	10875.2	14247.1
上　海 Shanghai	43214.9	100.0	11449.3	31665.6
江　苏 Jiangsu	116364.2	4722.4	51775.4	59866.4
浙　江 Zhejiang	73515.8	2209.1	31188.6	40118.1
福　建 Fujian	48810.4	2897.7	22866.3	23046.3
山　东 Shandong	83095.9	6029.0	33187.2	43879.7
广　东 Guangdong	124369.7	5003.7	50219.2	69146.8
广　西 Guangxi	24740.9	4015.5	8187.9	12537.5
海　南 Hainan	6475.2	1254.4	1238.8	3982.0

9-4 沿海地区生产总值增长速度
Growth Rate of Gross Regional Product of Coastal Regions

单位：%　　　　(%)

地 区 Region	2011	2012	2013	2014	2015	2016	2017	2018	2019	2020	2021
天 津 Tianjin	16.4	13.8	12.5	10.0	9.3	9.1	3.6	3.6	4.8	1.5	6.6
河 北 Hebei	11.3	9.6	8.2	6.5	6.8	6.8	6.6	6.6	6.8	3.9	6.5
辽 宁 Liaoning	12.2	9.5	8.7	5.8	3.0	-2.5	4.2	5.7	5.5	0.6	5.8
上 海 Shanghai	8.2	7.5	7.7	7.0	6.9	6.9	6.9	6.6	6.0	1.7	8.1
江 苏 Jiangsu	11.0	10.1	9.6	8.7	8.5	7.8	7.2	6.7	6.1	3.7	8.6
浙 江 Zhejiang	9.0	8.0	8.2	7.6	8.0	7.6	7.8	7.1	6.8	3.6	8.5
福 建 Fujian	12.3	11.4	11.0	9.9	9.0	8.4	8.1	8.3	7.6	3.3	8.0
山 东 Shandong	10.9	9.8	9.6	8.7	8.0	7.6	7.4	6.4	5.5	3.6	8.3
广 东 Guangdong	10.0	8.2	8.5	7.8	8.0	7.5	7.5	6.8	6.2	2.3	8.0
广 西 Guangxi	12.3	11.3	10.2	8.5	8.1	7.3	7.1	6.8	6.0	3.7	7.5
海 南 Hainan	12.0	9.1	9.9	8.5	7.8	7.5	7.0	5.8	5.8	3.5	11.2

注：数据来源于历年《中国统计年鉴》；本表按不变价格计算（上年为基期）。

Note: The data come from the *China Statistical Yearbook* over the years.
This table is calculated at constant price (with the previous year as the base period).

9-5 沿海城市生产总值（2020年）
Gross Regional Product of Coastal Cities (2020)

单位：亿元 (100 million yuan)

沿海城市 Coastal City		地区生产总值 Gross Regional Product	第一产业 Primary Industry	第二产业 Secondary Industry	第三产业 Tertiary Industry
合　计	**Total**	**298901.5**	**13374.7**	**116004.7**	**169521.9**
天　津	**Tianjin**	**14083.7**	**210.2**	**4804.1**	**9069.5**
河　北	**Hebei**	**12596.6**	**1141.5**	**5821.8**	**5633.3**
唐　山	Tangshan	7210.9	593.4	3836.7	2780.7
秦皇岛	Qinhuangdao	1685.8	233.1	551.3	901.4
沧　州	Cangzhou	3699.9	315.0	1433.8	1951.2
辽　宁	**Liaoning**	**12281.5**	**1173.6**	**4832.3**	**6275.4**
大　连	Dalian	7030.4	459.2	2815.1	3756.0
丹　东	Dandong	779.4	153.6	189.3	436.6
锦　州	Jinzhou	1072.2	208.5	268.3	595.4
营　口	Yingkou	1325.5	107.3	584.4	633.8
盘　锦	Panjin	1303.6	103.9	715.6	484.0
葫芦岛	Huludao	770.4	141.1	259.6	369.6
上　海	**Shanghai**	**38700.6**	**103.6**	**10289.5**	**28307.5**
江　苏	**Jiangsu**	**19266.8**	**1506.0**	**8517.6**	**9243.2**
南　通	Nantong	10036.3	458.7	4765.9	4811.8
连云港	Lianyungang	3277.1	386.1	1372.4	1518.6
盐　城	Yancheng	5953.4	661.2	2379.4	2912.8
浙　江	**Zhejiang**	**31565.0**	**1071.0**	**14277.0**	**16217.0**
宁　波	Ningbo	12409.0	339.0	5694.0	6376.0
温　州	Wenzhou	6871.0	160.0	2834.0	3877.0
嘉　兴	Jiaxing	5510.0	124.0	2861.0	2525.0
舟　山	Zhoushan	1512.0	153.0	590.0	769.0
台　州	Taizhou	5263.0	295.0	2298.0	2670.0
福　建	**Fujian**	**36371.3**	**1766.5**	**16907.6**	**17697.2**
福　州	Fuzhou	10020.0	560.7	3840.8	5618.6
厦　门	Xiamen	6384.0	28.9	2519.8	3835.3

注：数据来源于各省（自治区、直辖市）统计年鉴；各沿海地区数据为沿海城市合计数。

Note: The data come from the the statistical yearbooks of provinces, autonomous regions and municipalities directly under the Central Government.

The data for coastal regions are the total of coastal cities.

9-5 续表 continued

沿海城市 Coastal City		地区生产总值 Gross Regional Product	第一产业 Primary Industry	第二产业 Secondary Industry	第三产业 Tertiary Industry
莆 田	Putian	2644.0	125.7	1362.3	1156.0
泉 州	Quanzhou	10158.7	226.6	5808.1	4123.9
漳 州	Zhangzhou	4545.6	498.7	2056.8	1990.1
宁 德	Ningde	2619.0	325.9	1319.7	973.4
山 东	**Shandong**	**36602.7**	**2406.5**	**14568.6**	**19627.6**
青 岛	Qingdao	12400.6	425.4	4361.6	7613.6
东 营	Dongying	2981.2	156.6	1678.5	1146.1
烟 台	Yantai	7816.4	572.7	3192.4	4051.3
潍 坊	Weifang	5872.2	535.6	2308.1	3028.4
威 海	Weihai	3017.8	301.7	1162.3	1553.9
日 照	Rizhao	2006.4	171.3	844.2	990.9
滨 州	Binzhou	2508.1	243.2	1021.6	1243.4
广 东	**Guangdong**	**91189.3**	**3097.3**	**34347.8**	**53744.2**
广 州	Guangzhou	25019.1	288.1	6590.4	18140.6
深 圳	Shenzhen	27670.2	25.8	10454.0	17190.4
珠 海	Zhuhai	3481.9	60.0	1510.9	1911.1
汕 头	Shantou	2730.6	123.0	1303.6	1304.0
江 门	Jiangmen	3201.0	274.5	1333.2	1593.2
湛 江	Zhanjiang	3100.2	622.1	1051.8	1426.4
茂 名	Maoming	3279.3	648.7	1032.4	1598.2
惠 州	Huizhou	4221.8	219.1	2134.4	1868.3
汕 尾	Shanwei	1123.8	159.6	408.3	555.9
阳 江	Yangjiang	1360.4	263.6	485.1	611.8
东 莞	Dongguan	9650.2	30.3	5193.1	4426.8
中 山	Zhongshan	3151.6	71.6	1556.8	1523.3
潮 州	Chaozhou	1097.0	106.6	519.1	471.3
揭 阳	Jieyang	2102.1	204.4	774.8	1123.0
广 西	**Guangxi**	**3397.7**	**600.5**	**1223.9**	**1573.3**
北 海	Beihai	1276.9	206.6	485.7	584.7
防城港	Fangchenggang	732.8	111.1	348.1	273.7
钦 州	Qinzhou	1388.0	282.8	390.1	715.0
海 南	**Hainan**	**2846.4**	**298.1**	**414.7**	**2133.7**
海 口	Haikou	1791.6	79.9	269.6	1442.1
三 亚	Sanya	695.4	79.2	113.3	503.0
儋 州	Danzhou	359.4	139.0	31.8	188.6

9-6 县级单位主要统计指标
Main Indicators of Regions at County Level

单位：万元 (10000 yuan)

沿海县 Coastal County		第一产业增加值 Value-added of Primary Industry		第二产业增加值 Value-added of Secondary Industry	
		2020	2021	2020	2021
合　计	**Total**	**70192962**	**76132745**	**270651013**	**316822244**
河　北	**Hebei**	**3897411**	**4035805**	**8521439**	**11183768**
丰　南	Fengnan	500292	548495	3489440	4711645
滦　南	Luannan	942553	955111	944136	967626
乐　亭	Laoting	901405	934663	1670048	2624014
昌　黎	Changli	692995	738770	1201567	1449734
抚　宁	Funing	383728	369284	321128	357743
黄　骅	Huanghua	352304	362783	741313	865007
海　兴	Haixing	124134	126699	153807	207999
辽　宁	**Liaoning**	**6485564**	**7128888**	**10025056**	**11788079**
长　海	Changhai	521899	599497	16644	13285
瓦房店	Wafangdian	1071252	1200090	3790424	4793603
庄　河	Zhuanghe	1192802	1304316	2011365	2319723
东　港	Donggang	795425	905696	426843	505783
凌　海	Linghai	531789	542331	270439	297415
盖　州	Gaizhou	440379	480199	405688	462447
大　洼	Dawa	551656	628073	1422097	1875507
盘　山	Panshan	446557	499914	1054671	818771
绥　中	Suizhong	600626	627495	354079	409335
兴　城	Xingcheng	333179	341277	272806	292210

注：数据来源于《中国县域统计年鉴2022》；各沿海地区数据为沿海县合计数。

Note: The data come from the *China Statistical Yearbook (County-level) 2022.*
The data for coastal regions are the total of coastal counties.

9-6 续表1 continued

沿海县 Coastal County			第一产业增加值 Value-added of Primary Industry		第二产业增加值 Value-added of Secondary Industry	
			2020	2021	2020	2021
江	苏	**Jiangsu**	**10220300**	**10962600**	**42036300**	**47330000**
海	安	Hai'an	719000	761000	6424200	7259000
如	东	Rudong	908100	960000	5610600	6328000
启	东	Qidong	839600	887000	5897500	6570000
海	门	Haimen	687300	726000	7101300	7697000
赣	榆	Ganyu	1108800	1080300	2670600	3086300
灌	云	Guanyun	795900	821000	1320500	1525000
灌	南	Guannan	667600	700900	1760100	2108200
响	水	Xiangshui	514700	579200	1823000	2039500
滨	海	Binhai	711100	790200	1940800	2248300
射	阳	Sheyang	1038900	1117500	2076000	2400500
东	台	Dongtai	1242900	1428900	3165600	3536100
大	丰	Dafeng	986400	1110600	2246100	2532100
浙	江	**Zhejiang**	**6814637**	**7135406**	**66682875**	**80613372**
象	山	Xiangshan	816939	853932	2346453	2813246
宁	海	Ninghai	482000	506693	3547500	4294026
余	姚	Yuyao	501887	506798	7014607	8852323
慈	溪	Cixi	583848	609549	11683741	14553281
奉	化	Fenghua	327291	337908	4122791	5238288
洞	头	Dongtou	65213	72108	474411	511693
平	阳	Pingyang	205936	224682	2477416	2897999
苍	南	Cangnan	280149	293482	1279199	1508072
瑞	安	Rui'an	258173	272305	4645872	5333434
乐	清	Yueqing	212269	221966	5918466	6722255
海	盐	Haiyan	178200	187401	3137400	3651662
平	湖	Pinghu	141623	150816	4529812	5482756

9-6 续表2 continued

沿海县 Coastal County		第一产业增加值 Value-added of Primary Industry		第二产业增加值 Value-added of Secondary Industry	
		2020	2021	2020	2021
岱　山	Daishan	362654	356230	2560481	3932954
嵊　泗	Shengsi	352400	367339	195700	251507
玉　环	Yuhuan	386026	409227	3348366	3801400
三　门	Sanmen	349100	366238	1142300	1544539
温　岭	Wenling	813943	857111	5024524	5592166
临　海	Linhai	496986	541621	3233836	3631771
福　建	**Fujian**	**10202938**	**11381942**	**74875341**	**85229114**
连　江	Lianjiang	1470706	1734087	2218038	2529495
罗　源	Luoyuan	490234	550628	1716282	1842518
平　潭	Pingtan	360332	403019	844367	814549
福　清	Fuqing	1099989	1235240	6193966	6657319
长　乐	Changle	577600	704134	6519700	6903069
仙　游	Xianyou	222949	228618	2570802	2749210
惠　安	Hui'an	319447	354260	9364062	10515701
金　门	Jinmen				
石　狮	Shishi	242900	277871	4230500	4766303
晋　江	Jinjiang	202590	207844	15773237	18252704
南　安	Nan'an	364909	334433	7913955	9191525
云　霄	Yunxiao	386023	448187	989123	937623
漳　浦	Zhangpu	887552	978392	1574377	2231545
诏　安	Zhao'an	562778	621371	1353651	1649095
东　山	Dongshan	380300	416227	708300	719371
龙　海	Longhai	799900	808671	6349500	7908831
霞　浦	Xiapu	693451	808376	653628	930354
福　安	Fu'an	534273	577343	3711425	4303938
福　鼎	Fuding	607005	693241	2190428	2325964

9-6 续表3 continued

沿海县 Coastal County		第一产业增加值 Value-added of Primary Industry		第二产业增加值 Value-added of Secondary Industry	
		2020	2021	2020	2021
山 东	**Shandong**	**11596319**	**13113034**	**47251220**	**54566755**
胶 州	Jiaozhou	577900	639400	5678000	7079000
即 墨	Jimo	769700	850700	6301900	7376000
垦 利	Kenli	308185	359897	1405954	1729802
利 津	Lijin	348673	401089	1122513	1356314
广 饶	Guangrao	470460	545583	3715479	4657992
龙 口	Longkou	359668	406813	5282035	6009756
莱 阳	Laiyang	565686	620428	1777307	1962681
莱 州	Laizhou	867519	933138	3001926	3068415
蓬 莱	Penglai	996686 ①	1077206	1249829 ①	1376373
招 远	Zhaoyuan	486396	550075	2946156	2834978
海 阳	Haiyang	837481	910963	1343944	1562012
寿 光	Shouguang	1063300	1269200	3269400	3993600
昌 邑	Changyi	491900	597400	1876300	2221300
文 登	Wendeng	701100	769900	2306300	2722600
荣 成	Rongcheng	1352100	1611300	2990300	3128200
乳 山	Rushan	538200	624500	931000	1070100
无 棣	Wudi	451459	493269	1548456	1886362
沾 化	Zhanhua	409906	452173	504421	531270
广 东	**Guangdong**	**12753330**	**13188729**	**16493742**	**20460405**
南 澳	Nan'ao	119828	119714	52003	55868
台 山	Taishan	1028365	1087399	1742590	2017143
恩 平	Enping	310347	321104	493118	568237
遂 溪	Suixi	1348432	1415467	629794	910773
徐 闻	Xuwen	1005589	1062678	189742	212885

注：①2020年6月5日，烟台市蓬莱市与长岛县撤销，设立烟台市蓬莱区。

Note: ①On June 5, 2020, Penglai County and Changdao County of Yantai City were cancelled and the Penglai District of Yantai City was established.

9-6 续表4 continued

沿海县 Coastal County		第一产业增加值 Value-added of Primary Industry		第二产业增加值 Value-added of Secondary Industry	
		2020	2021	2020	2021
廉　江	Lianjiang	1372163	1340719	1567690	1663934
雷　州	Leizhou	1366611	1452817	259135	407940
吴　川	Wuchuan	373002	375624	850408	963011
电　白	Dianbai	1536899	1568373	2113320	2700073
惠　东	Huidong	623143	656008	2113502	2695993
海　丰	Haifeng	386226	427916	1571520	1869549
陆　丰	Lufeng	710305	777478	1156291	1701022
阳　西	Yangxi	689553	651261	571111	823854
阳　东	Yangdong	598541	576638	1492077	1792505
饶　平	Raoping	706900	782966	917400	1100295
惠　来	Huilai	577426	572567	774041	977323
广　西	**Guangxi**	**1287994**	**1393390**	**698982**	**994095**
合　浦	Hepu	1074077	1173927	572117	868467
东　兴	Dongxing	213917	219463	126865	125628
海　南	**Hainan**	**6934469**	**7792951**	**4066058**	**4656656**
琼　海	Qionghai	945931	1115935	402062	442338
儋　州	Danzhou				
文　昌	Wenchang	905991	1041751	525847	692071
万　宁	Wanning	726312	810377	504532	665859
东　方	Dongfang	505403	567721	703031	801321
澄　迈	Chengmai	904000	975027	823938	789362
临　高	Lingao	1262483	1386255	117932	109553
昌　江	Changjiang	338171	372437	494407	598366
乐　东	Ledong	827778	947019	188351	216918
陵　水	Lingshui	518400	576429	305958	340868

9-6 续表5 continued

沿海县 Coastal County		公共财政收入 Public Revenue of Local Governments		公共财政支出 Public Expenditure of Local Governments	
		2020	2021	2020	2021
合 计	**Total**	**40055026**	**43881938**	**75721670**	**76040823**
河 北	**Hebei**	**1301508**	**1419681**	**2955446**	**2732254**
丰 南	Fengnan	472827	492013	649158	709867
滦 南	Luannan	150616	162036	441365	403962
乐 亭	Laoting	184273	200260	436325	396527
昌 黎	Changli	176118	203339	409928	368186
抚 宁	Funing	70205	79653	281176	180583
黄 骅	Huanghua	195021	224666	537067	493800
海 兴	Haixing	52448	57714	200427	179329
辽 宁	**Liaoning**	**2365489**	**2199401**	**4611489**	**4453985**
长 海	Changhai	41479	43617	110310	98476
瓦房店	Wafangdian	715850	694964	927690	944366
普兰店	Pulandian				
庄 河	Zhuanghe	572293	490598	597572	753260
东 港	Donggang	152497	168809	490168	406011
凌 海	Linghai	120133	169287	355775	335801
盖 州	Gaizhou	92565	100710	473670	463609
大 洼	Dawa	141591	110454	391936	334346
盘 山	Panshan	270115	182252	387996	239571
绥 中	Suizhong	127107	120550	448103	452600
兴 城	Xingcheng	131859	118160	428269	425945

9-6 续表6 continued

沿海县 Coastal County	公共财政收入 Public Revenue of Local Governments		公共财政支出 Public Expenditure of Local Governments	
	2020	2021	2020	2021
江 苏 Jiangsu	**5331785**	**5861877**	**12172447**	**12795572**
海 安 Hai'an	645405	695021	1288217	1394200
如 东 Rudong	600163	685029	1348223	1463782
启 东 Qidong	720124	778054	1189907	1182203
海 门 Haimen	735021	790054	1333463	1343210
赣 榆 Ganyu	300248	348070	810173	898481
灌 云 Guanyun	226126	253288	697113	716964
灌 南 Guannan	239339	271925	608057	608689
响 水 Xiangshui	231043	253032	714321	728053
滨 海 Binhai	243614	265628	911482	1000513
射 阳 Sheyang	309018	338718	961666	1030899
东 台 Dongtai	546018	602592	1183795	1277968
大 丰 Dafeng	535666	580466	1126030	1150610
浙 江 Zhejiang	**11183399**	**12464817**	**16317792**	**17493413**
象 山 Xiangshan	518061	578878	839605	891421
宁 海 Ninghai	679138	686638	867039	934833
余 姚 Yuyao	1141976	1297227	1288901	1425209
慈 溪 Cixi	2005280	2252655	2173319	2465089
奉 化 Fenghua	645065	741827	853282	943901
洞 头 Dongtou	100163	196259	316436	441169
平 阳 Pingyang	364900	420003	917537	939778
苍 南 Cangnan	263490	301837	783286	853758
瑞 安 Rui'an	819053	842459	1036980	1209833
乐 清 Yueqing	943849	970089	1263823	1294763
海 盐 Haiyan	581837	628300	782119	806403
平 湖 Pinghu	900088	965800	995387	1049743

9-6 续表7 continued

沿海县 Coastal County	公共财政收入 Public Revenue of Local Governments		公共财政支出 Public Expenditure of Local Governments	
	2020	2021	2020	2021
岱 山 Daishan	181290	203051	543385	508439
嵊 泗 Shengsi	83094	88092	306052	307429
玉 环 Yuhuan	478468	526318	685049	767709
三 门 Sanmen	161600	301384	537850	548226
温 岭 Wenling	721157	803800	1074370	1046026
临 海 Linhai	594890	660200	1053372	1059684
福 建 Fujian	**7099349**	**7898366**	**11848513**	**10967585**
连 江 Lianjiang	347596	365767	787115	760708
罗 源 Luoyuan	96769	118489	281661	250678
平 潭 Pingtan	546036	549251	960534	853167
福 清 Fuqing	912635	1047928	1190642	1263551
长 乐 Changle	511680	623831	783332	833458
仙 游 Xianyou	272420	267164	578036	548436
惠 安 Hui'an	473413	575598	744187	761038
金 门 Jinmen				
石 狮 Shishi	360278	401419	615289	483274
晋 江 Jinjiang	1392800	1462000	1509088	1247671
南 安 Nan'an	530451	586200	895042	923609
云 霄 Yunxiao	81551	95219	304430	253816
漳 浦 Zhangpu	326714	366346	636329	562539
诏 安 Zhao'an	69212	77643	328351	289683
东 山 Dongshan	104685	113640	217493	218450
龙 海 Longhai	505096	516572	726774	403449
霞 浦 Xiapu	107673	134134	410244	421937
福 安 Fu'an	278833	363022	460951	483856
福 鼎 Fuding	181507	234143	419015	408265

9-6 续表8 continued

沿海县 Coastal County	公共财政收入 Public Revenue of Local Governments		公共财政支出 Public Expenditure of Local Governments	
	2020	2021	2020	2021
山 东 Shandong	**9046699**	**9605802**	**11670801**	**11729701**
胶 州 Jiaozhou	1029107	1152567	1231048	1294948
即 墨 Jimo	1120246	1160170	1282052	1278462
垦 利 Kenli	291780	291853	336392	257310
利 津 Lijin	189236	206350	311519	315666
广 饶 Guangrao	450291	532047	530281	543653
龙 口 Longkou	1021105	1120055	1080097	1094808
莱 阳 Laiyang	241886	246757	505723	475711
莱 州 Laizhou	412027	415136	522735	490365
蓬 莱 Penglai	357765	367346	607390	444887
招 远 Zhaoyuan	547500	466000	601687	521439
海 阳 Haiyang	301712	311417	446546	443307
寿 光 Shouguang	937648	1033304	1087078	1241486
昌 邑 Changyi	324200	376143	399700	563285
文 登 Wendeng	442117	467594	585379	535868
荣 成 Rongcheng	636600	662368	1000406	1055211
乳 山 Rushan	278952	257597	382107	362842
无 棣 Wudi	296167	376737	444538	513361
沾 化 Zhanhua	168360	162361	316123	297092
广 东 Guangdong	**2025760**	**2414550**	**9668622**	**9866469**
南 澳 Nan'ao	27857	24117	153054	138437
台 山 Taishan	325693	356698	721277	771886
恩 平 Enping	126842	138899	400488	400959
遂 溪 Suixi	101301	93057	591855	478683
徐 闻 Xuwen	60258	140448	384180	486422

9-6 续表9 continued

沿海县 Coastal County	公共财政收入 Public Revenue of Local Governments		公共财政支出 Public Expenditure of Local Governments	
	2020	2021	2020	2021
廉　江 Lianjiang	150909	175281	812749	830450
雷　州 Leizhou	67056	95504	735187	725211
吴　川 Wuchuan	111569	150060	513688	545034
电　白 Dianbai	196432	268787	825332	1030733
惠　东 Huidong	293052	314662	973074	877449
海　丰 Haifeng	106327	122776	609226	627340
陆　丰 Lufeng	86789	101735	884145	909064
阳　西 Yangxi	85348	94930	360263	363550
阳　东 Yangdong	140532	155386	371641	405053
饶　平 Raoping	83960	92638	713535	666341
惠　来 Huilai	61835	89572	618928	609857
广　西 Guangxi	**178668**	**193736**	**822437**	**818542**
合　浦 Hepu	119682	139523	581987	551489
东　兴 Dongxing	58986	54213	240450	267053
海　南 Hainan	**1522369**	**1823708**	**5654123**	**5183302**
琼　海 Qionghai	160731	128100	531053	496378
儋　州 Danzhou				
文　昌 Wenchang	139180	144208	822311	649979
万　宁 Wanning	153590	156745	613406	500984
东　方 Dongfang	130961	107674	592751	399676
澄　迈 Chengmai	318320	631047	777561	965016
临　高 Lingao	47195	41785	501880	361350
昌　江 Changjiang	158750	174684	430838	397007
乐　东 Ledong	75625	80564	556630	495613
陵　水 Lingshui	338017	358901	827693	917299

9-7 沿海地区一般公共预算收入与支出（2021年）
General Public Budget Revenue and Expenditure by Coastal Regions (2021)

单位：亿元 (100 million yuan)

地　区 Region	地方一般公共预算收入 General Public Budget Revenue	地方一般公共预算支出 General Public Budget Expenditure
合　计 Total	**62618.2**	**94853.5**
天　津 Tianjin	2141.1	3152.5
河　北 Hebei	4167.6	8848.2
辽　宁 Liaoning	2765.6	5879.2
上　海 Shanghai	7771.8	8430.9
江　苏 Jiangsu	10015.2	14585.3
浙　江 Zhejiang	8262.6	11014.6
福　建 Fujian	3383.4	5204.7
山　东 Shandong	7284.5	11713.2
广　东 Guangdong	14105.0	18247.0
广　西 Guangxi	1800.2	5806.5
海　南 Hainan	921.2	1971.4

9-8 沿海地区教育基本情况（2021年）
Basic Conditions of Education by Coastal Regions (2021)

地 区 Region	普通、职业高等学校数 （所） Number of Regular and Vocational Higher Education Institutions (unit)	普通、职业本专科 在校学生数 （人） Number of Enrollment in Normal and Short-cycle Courses in Regular and Vocational Higher Education Institutions (person)	普通、职业本专科 毕业生数 （人） Number of Students Graduated in Normal and Short-cycle Courses in Regular and Vocational Higher Education Institutions (person)
全国总计 National Total	**2756**	**34961307**	**8265064**
天 津 Tianjin	56	583353	143462
河 北 Hebei	123	1704330	408859
辽 宁 Liaoning	114	1178402	258326
上 海 Shanghai	64	548733	135655
江 苏 Jiangsu	167	2110805	523645
浙 江 Zhejiang	109	1210296	300419
福 建 Fujian	89	1023362	224740
山 东 Shandong	153	2429912	617855
广 东 Guangdong	160	2539779	574407
广 西 Guangxi	85	1321042	286009
海 南 Hainan	21	245129	53305

9-9 沿海地区卫生基本情况（2021年）
Basic Conditions of Public Health by Coastal Regions (2021)

地　区 Region	医疗卫生机构数（个）Health Care Institutions (unit)	医疗卫生机构床位数（万张）Number of Beds in Health Care Institutions (10000 beds)	卫生人员（人）Number of Employed Persons in Health Care Institutions (person)
全国总计 National Total	**1030935**	**945.0**	**13985363**
天　津 Tianjin	6076	6.9	152473
河　北 Hebei	88162	45.5	710338
辽　宁 Liaoning	33051	32.5	417681
上　海 Shanghai	6308	16.0	281031
江　苏 Jiangsu	36448	54.9	853428
浙　江 Zhejiang	35120	37.0	694800
福　建 Fujian	28693	22.4	366095
山　东 Shandong	85715	67.4	1055683
广　东 Guangdong	57964	58.9	1058702
广　西 Guangxi	34112	31.9	493178
海　南 Hainan	6277	6.1	99580

9-10 沿海地区电力消费量
Electricity Consumption by Coastal Region

单位：亿千瓦•时 (100 million kW-h)

地 区 Region	2019	2020	2021
天 津 Tianjin	878	875	982
河 北 Hebei	3856	3934	4294
辽 宁 Liaoning	2401	2423	2576
上 海 Shanghai	1569	1576	1750
江 苏 Jiangsu	6264	6374	7101
浙 江 Zhejiang	4706	4830	5514
福 建 Fujian	2402	2483	2837
山 东 Shandong	6219	6940	7383
广 东 Guangdong	6696	6926	7867
广 西 Guangxi	1907	2029	2238
海 南 Hainan	355	363	405

9-11 沿海地区供水用水情况（2021年）
Water Supply and Water Use by Coastal Regions (2021)

地　区 Region	供水总量 （亿立方米） Water Supply (100 million m^3)	人均用水量 （立方米/人） Per Capita Water Use (m^3/person)
全国总计 **National Total**	**5920.2**	**419.2**
天　津 Tianjin	32.3	234.1
河　北 Hebei	181.9	244.0
辽　宁 Liaoning	129.0	304.1
上　海 Shanghai	105.8	425.2
江　苏 Jiangsu	567.5	668.4
浙　江 Zhejiang	166.4	255.8
福　建 Fujian	182.6	437.5
山　东 Shandong	210.1	206.6
广　东 Guangdong	407.0	321.6
广　西 Guangxi	268.5	534.0
海　南 Hainan	45.0	442.9

9-12 沿海地区固定资产投资（不含农户）增长情况（2021年）

Growth Rate of Total Investment (Excluding Rural Households) over Preceding Year by Coastal Regions (2021)

单位：%　　(%)

地　区 Region	全部投资 Total Investment	#基础设施 Infrastructure	制造业 Manufacturing
全　国 National Average	**4.9**	**0.4**	**13.5**
天　津 Tianjin	4.8	4.4	13.8
河　北 Hebei	3.0	-7.8	2.3
辽　宁 Liaoning	2.6	9.8	-3.7
上　海 Shanghai	8.0	-0.6	7.8
江　苏 Jiangsu	5.8	2.3	16.1
浙　江 Zhejiang	10.8	1.3	19.8
福　建 Fujian	6.0	4.0	13.9
山　东 Shandong	6.0	-6.0	13.1
广　东 Guangdong	6.3	-7.0	18.7
广　西 Guangxi	7.6	15.6	37.4
海　南 Hainan	10.2	7.6	84.2

9-13 沿海地区按收发货人所在地分货物进出口总额（2021年）
Total Value of Imports and Exports by Location of Importers/Exporters of Coastal Regions (2021)

单位：亿美元 (USD 100 million)

地 区 Region	进出口 Total	出口 Exports	进口 Imports
全国总计 National Total	**60501.7**	**33630.2**	**26871.4**
天 津 Tianjin	1325.7	599.7	726.0
河 北 Hebei	838.5	469.0	369.5
辽 宁 Liaoning	1194.6	512.5	682.1
上 海 Shanghai	6285.2	2432.3	3852.9
江 苏 Jiangsu	8064.7	5034.6	3030.1
浙 江 Zhejiang	6409.3	4661.0	1748.3
福 建 Fujian	2852.5	1673.4	1179.1
山 东 Shandong	4538.7	2718.4	1820.3
广 东 Guangdong	12795.7	7818.6	4977.1
广 西 Guangxi	917.2	454.5	462.7
海 南 Hainan	227.5	50.7	176.8

9-14 沿海地区城镇居民人均可支配收入和人均消费支出（2021年）
Per Capita Disposable Income and Consumption Expenditure of Urban Households by Coastal Regions (2021)

单位：元 (yuan)

地 区 Region	可支配收入 Disposable Income	#工资性收入 Income from Wages and Salaries	消费支出 Consumption Expenditure
全 国 National Average	**47411.9**	**28480.8**	**30307.2**
天 津 Tianjin	51485.7	32679.2	36066.9
河 北 Hebei	39791.0	24540.4	24192.4
辽 宁 Liaoning	43050.8	24608.3	28438.4
上 海 Shanghai	82428.9	51494.3	51294.6
江 苏 Jiangsu	57743.5	33455.8	36558.0
浙 江 Zhejiang	68486.8	38412.2	42193.5
福 建 Fujian	51140.5	31762.1	33942.0
山 东 Shandong	47066.4	28019.1	29314.3
广 东 Guangdong	54853.6	38605.8	36621.1
广 西 Guangxi	38529.9	20639.9	22555.3
海 南 Hainan	40213.2	23777.1	27564.8

9-15 沿海地区农村居民人均可支配收入和人均消费支出（2021年）

Per Capita Disposable Income and Consumption Expenditure of Rural Households by Coastal Regions (2021)

单位：元 (yuan)

地　区 Region	可支配收入 Disposable Income	#工资性收入 Income from Wages and Salaries	消费支出 Consumption Expenditure
全　国 National Average	**18930.9**	**7958.1**	**15915.6**
天　津 Tianjin	27954.5	15749.2	19285.5
河　北 Hebei	18178.9	9496.7	15390.7
辽　宁 Liaoning	19216.6	7108.5	14605.9
上　海 Shanghai	38520.7	24971.9	27204.8
江　苏 Jiangsu	26790.8	13109.2	21130.1
浙　江 Zhejiang	35247.4	21433.8	25415.2
福　建 Fujian	23228.9	10516.2	19290.4
山　东 Shandong	20793.9	10430.1	14298.7
广　东 Guangdong	22306.0	12765.0	20011.8
广　西 Guangxi	16362.9	5536.1	14165.3
海　南 Hainan	18076.3	7546.4	15487.3

9-16 沿海地区年末人口数
Population at Year-end by Coastal Regions

单位：万人 (10000 persons)

地 区 Region	2019	2020	2021
全国总计 National Total	**141008**	**141212**	**141260**
天 津 Tianjin	1385	1387	1373
河 北 Hebei	7447	7464	7448
辽 宁 Liaoning	4277	4255	4229
上 海 Shanghai	2481	2488	2489
江 苏 Jiangsu	8469	8477	8505
浙 江 Zhejiang	6375	6468	6540
福 建 Fujian	4137	4161	4187
山 东 Shandong	10106	10165	10170
广 东 Guangdong	12489	12624	12684
广 西 Guangxi	4982	5019	5037
海 南 Hainan	995	1012	1020

9-17 沿海城市年末户籍人口
Population with Residence Registration at Year-end of Coastal Cities

单位：万人 (10000 persons)

沿海城市	Coastal City	2019	2020	2021
合　计	**Total**	**25134.8**	**25328.8**	
天　津	**Tianjin**	**1108.2**	**1130.7**	**1151.6**
河　北	**Hebei**	**1844.9**	**1834.6**	
唐　山	Tangshan	756.4	752.1	
秦皇岛	Qinhuangdao	301.4	300.2	
沧　州	Cangzhou	787.1	782.4	
辽　宁	**Liaoning**	**1761.6**	**1752.5**	**1749.1**
大　连	Dalian	598.7	601.6	603.6
丹　东	Dandong	232.9	230.7	229.1
锦　州	Jinzhou	293.4	289.3	287.6
营　口	Yingkou	230.8	229.2	228.1
盘　锦	Panjin	130.0	129.3	129.3
葫芦岛	Huludao	275.8	272.4	271.4
上　海	**Shanghai**	**1469.3**	**1475.6**	
江　苏	**Jiangsu**	**2115.6**	**2105.0**	**2088.8**
南　通	Nantong	759.8	756.1	751.7
连云港	Lianyungang	534.4	534.5	533.2
盐　城	Yancheng	821.3	814.5	803.8

注：数据来源于《中国人口和就业统计年鉴（2021）》和各省（自治区、直辖市）统计年鉴；各沿海地区数据为沿海城市合计数。

Note: The data come from the *China Population & Emploment Statistical Yearbook 2021* and the statistical yearbooks of provinces, autonomous regions and municipalities directly under the Central Government. The data for coastal regions are the total of coastal cities.

9-17 续表1 continued

沿海城市 Coastal City		2019	2020	2021
浙 江	**Zhejiang**	**2507.8**	**2518.0**	**2524.6**
宁 波	Ningbo	608.5	613.7	618.3
温 州	Wenzhou	832.4	833.7	832.8
嘉 兴	Jiaxing	363.7	367.4	371.8
舟 山	Zhoushan	96.6	96.2	95.7
台 州	Taizhou	606.6	607.0	605.9
福 建	**Fujian**	**2971.5**	**2999.3**	**3024.9**
福 州	Fuzhou	710.1	715.4	723.4
厦 门	Xiamen	259.2	272.1	281.7
莆 田	Putian	363.5	365.6	366.7
泉 州	Quanzhou	760.7	766.1	771.3
漳 州	Zhangzhou	522.3	524.0	526.2
宁 德	Ningde	355.6	356.1	355.7
山 东	**Shandong**	**3559.9**	**3568.9**	**3577.6**
青 岛	Qingdao	828.7	836.8	846.2
东 营	Dongying	197.5	198.0	198.3
烟 台	Yantai	653.4	651.9	649.3
潍 坊	Weifang	917.4	919.0	920.3
威 海	Weihai	257.0	256.6	256.5
日 照	Rizhao	308.2	309.0	309.6
滨 州	Binzhou	397.7	397.5	397.4

9-17 续表2 continued

沿海城市 Coastal City		2019	2020	2021
广　东	**Guangdong**	**6745.1**	**6874.7**	**7000.6**
广　州	Guangzhou	953.7	985.1	1011.5
深　圳	Shenzhen	541.8	584.6	627.9
珠　海	Zhuhai	133.3	139.2	147.8
汕　头	Shantou	571.7	575.6	577.7
江　门	Jiangmen	400.1	401.6	402.9
湛　江	Zhanjiang	854.1	859.6	865.6
茂　名	Maoming	817.7	823.3	828.8
惠　州	Huizhou	389.7	397.8	405.9
汕　尾	Shanwei	364.7	364.1	364.5
阳　江	Yangjiang	301.3	302.0	302.8
东　莞	Dongguan	251.1	263.9	278.6
中　山	Zhongshan	182.9	190.9	198.8
潮　州	Chaozhou	275.9	275.9	275.4
揭　阳	Jieyang	707.1	711.2	712.6
广　西	**Guangxi**	**698.2**	**700.8**	**704.1**
北　海	Beihai	180.2	181.6	182.7
防城港	Fangchenggang	100.4	101.3	101.9
钦　州	Qinzhou	417.7	417.9	419.5
海　南	**Hainan**	**352.9**	**368.6**	**391.7**
海　口	Haikou	182.9	195.0	213.6
三　亚	Sanya	63.4	66.9	71.1
三　沙	Sansha	0.1	0.1	0.1
儋　州	Danzhou	106.5	106.6	106.9

9-18 沿海县户籍总人口
Total Population of Household Registration of Coastal Counties

单位：万人 (10000 persons)

沿海县 Coastal County		2019	2020	2021
合　计	**Total**	**8248**	**8170**	**8164**
河　北	**Hebei**	**313**	**311**	**311**
丰　南	Fengnan	54	54	54
滦　南	Luannan	57	56	56
乐　亭	Laoting	44	44	44
昌　黎	Changli	52	52	52
抚　宁	Funing	33	34	34
黄　骅	Huanghua	49	48	48
海　兴	Haixing	24	23	23
辽　宁	**Liaoning**	**631**	**547**	**544**
长　海	Changhai	7	7	7
瓦房店	Wafangdian	98	97	96
普兰店	Pulandian	77		
庄　河	Zhuanghe	89	87	86
东　港	Donggang	59	59	58
凌　海	Linghai	50	49	49
盖　州	Gaizhou	68	67	67
大　洼	Dawa	39	39	39
盘　山	Panshan	27	27	27
绥　中	Suizhong	64	63	63
兴　城	Xingcheng	53	52	52

注：数据来源于《中国县域统计年鉴2022》；各沿海地区数据为沿海县合计数。

Note: The data come from the *China Statistical Yearbook (County-level) 2022.*
The data for coastal regions are the total of coastal counties.

9-18 续表1 continued

沿海县 Coastal County	2019	2020	2021
江 苏 **Jiangsu**	**1166**	**1159**	**1148**
海 安 Hai'an	92	91	91
如 东 Rudong	101	100	99
启 东 Qidong	110	110	109
海 门 Haimen	99	99	98
赣 榆 Ganyu	120	120	119
灌 云 Guanyun	103	103	102
灌 南 Guannan	82	82	81
响 水 Xiangshui	62	62	61
滨 海 Binhai	122	121	119
射 阳 Sheyang	95	94	93
东 台 Dongtai	109	107	106
大 丰 Dafeng	71	70	69
浙 江 **Zhejiang**	**1257**	**1257**	**1259**
象 山 Xiangshan	55	54	54
宁 海 Ninghai	63	63	63
余 姚 Yuyao	84	83	83
慈 溪 Cixi	106	106	107
奉 化 Fenghua	48	48	48
洞 头 Dongtou	15	16	18
平 阳 Pingyang	88	88	88
苍 南 Cangnan	97	97	96
瑞 安 Rui'an	126	126	126
乐 清 Yueqing	131	132	132
海 盐 Haiyan	38	38	38
平 湖 Pinghu	50	51	51

9-18 续表2 continued

沿海县 Coastal County	2019	2020	2021
岱 山 Daishan	18	17	17
嵊 泗 Shengsi	7	7	7
玉 环 Yuhuan	44	44	44
三 门 Sanmen	45	45	45
温 岭 Wenling	122	122	122
临 海 Linhai	120	120	120
福 建 Fujian	**1403**	**1412**	**1414**
连 江 Lianjiang	68	68	68
罗 源 Luoyuan	27	27	27
平 潭 Pingtan	45	45	45
福 清 Fuqing	139	140	140
长 乐 Changle	76	77	77
仙 游 Xianyou	118	118	118
惠 安 Hui'an	105	106	106
金 门 Jinmen			
石 狮 Shishi	35	36	37
晋 江 Jinjiang	119	121	123
南 安 Nan'an	167	167	167
云 霄 Yunxiao	47	47	47
漳 浦 Zhangpu	94	95	95
诏 安 Zhao'an	68	69	68
东 山 Dongshan	22	22	22
龙 海 Longhai	90	90	91
霞 浦 Xiapu	55	55	55
福 安 Fu'an	68	68	67
福 鼎 Fuding	60	61	61

9-18 续表3 continued

沿海县 Coastal County		2019	2020	2021
山　东	**Shandong**	**1146**	**1144**	**1145**
胶　州	Jiaozhou	87	87	88
即　墨	Jimo	118	119	119
垦　利	Kenli	24	24	24
利　津	Lijin	31	31	31
广　饶	Guangrao	53	53	54
长　岛	Changdao	4		
龙　口	Longkou	64	63	63
莱　阳	Laiyang	85	84	84
莱　州	Laizhou	84	83	83
蓬　莱	Penglai	40	47	48
招　远	Zhaoyuan	56	56	55
海　阳	Haiyang	64	63	63
寿　光	Shouguang	111	111	111
昌　邑	Changyi	59	58	58
文　登	Wendeng	57	57	57
荣　成	Rongcheng	66	65	65
乳　山	Rushan	54	54	53
无　棣	Wudi	49	49	49
沾　化	Zhanhua	40	40	40
广　东	**Guangdong**	**1756**	**1763**	**1768**
南　澳	Nan’ao	8	8	8
台　山	Taishan	97	97	96
恩　平	Enping	50	50	50
遂　溪	Suixi	111	112	113
徐　闻	Xuwen	79	79	80

注：①2020年6月5日，烟台市蓬莱市与长岛县撤销，设立烟台市蓬莱区。

Note: ①On June 5, 2020, Penglai County and Changdao County of Yantai City were cancelled and the Penglai District of Yantai City was established.

9-18 续表4 continued

沿海县 Coastal County	2019	2020	2021
廉　江 Lianjiang	185	186	187
雷　州 Leizhou	185	187	188
吴　川 Wuchuan	123	123	124
电　白 Dianbai	197	199	199
惠　东 Huidong	90	90	91
海　丰 Haifeng	78	78	78
陆　丰 Lufeng	191	191	191
阳　西 Yangxi	55	56	56
阳　东 Yangdong	52	52	52
饶　平 Raoping	107	106	106
惠　来 Huilai	148	149	149
广　西 Guangxi	**126**	**127**	**127**
东　兴 Dongxing	16	16	16
合　浦 Hepu	110	111	111
海　南 Hainan	**450**	**450**	**448**
琼　海 Qionghai	52	52	52
儋　州 Danzhou			
文　昌 Wenchang	60	60	60
万　宁 Wanning	64	63	63
东　方 Dongfang	46	47	46
澄　迈 Chengmai	57	58	57
临　高 Lingao	51	51	51
昌　江 Changjiang	26	26	25
乐　东 Ledong	55	54	55
陵　水 Lingshui	39	39	39

9-19 沿海地区就业人员数
Employed Persons by Coastal Regions

单位：万人 (10000 persons)

地 区 Region	2019	2020	2021
合 计 Total	**35798**	**34527**	**34431**
天 津 Tianjin	897	647	641
河 北 Hebei	4182	3671	3643
辽 宁 Liaoning	2238	2231	2190
上 海 Shanghai	1376	1374	1365
江 苏 Jiangsu	4903	4893	4863
浙 江 Zhejiang	3771	3857	3897
福 建 Fujian	2781	2206	2197
山 东 Shandong	5561	5510	5475
广 东 Guangdong	6995	7039	7072
广 西 Guangxi	2558	2558	2544
海 南 Hainan	536	541	544

注：2019年数据来源于各省（自治区、直辖市）统计年鉴，2020年、2021年数据来源于《中国统计年鉴》。

Note: The data for 2019 come from the statistical yearbooks of provinces, autonomous regions and municipalities directly under the Central Government.
The data for 2020-2021 come from the *China Statistical Yearbook*.

9-20 沿海城市城镇单位就业人员数
Employed Persons in Urban Units by Coastal Cities

单位：万人　　(10000 persons)

沿海城市 Coastal City		2017	2018	2019
合　计	**Total**	**5313**	**5305**	**5317**
天　津	**Tianjin**	**270**	**260**	**269**
河　北	**Hebei**	**149**	**153**	**153**
唐　山	Tangshan	76	79	78
秦皇岛	Qinhuangdao	29	28	28
沧　州	Cangzhou	44	46	48
辽　宁	**Liaoning**	**228**	**222**	**219**
大　连	Dalian	97	99	100
丹　东	Dandong	20	18	18
锦　州	Jinzhou	24	23	22
营　口	Yingkou	25	23	22
盘　锦	Panjin	42	41	40
葫芦岛	Huludao	20	19	17
上　海	**Shanghai**	**632**	**641**	**716**
江　苏	**Jiangsu**	**339**	**338**	**264**
南　通	Nantong	210	210	161
连云港	Lianyungang	46	47	43
盐　城	Yancheng	83	80	60
浙　江	**Zhejiang**	**886**	**841**	**828**
杭　州	Hangzhou	287	279	287
宁　波	Ningbo	161	151	158
温　州	Wenzhou	119	107	100
嘉　兴	Jiaxing	79	75	74
绍　兴	Shaoxing	120	115	103
舟　山	Zhoushan	18	18	19
台　州	Taizhou	101	95	88

注：数据来源于《2019—2020中国省市经济发展年鉴》；各沿海地区数据为沿海城市合计数。

Note: The data come from the *China Provinces and Cities Economic Development Yearbook 2019-2020.* The data for coastal regions are the total of coastal cities.

9-20 续表 continued

沿海城市 Coastal City		2017	2018	2019
福　建	**Fujian**	**587**	**619**	**557**
福　州	Fuzhou	159	174	176
厦　门	Xiamen	146	156	127
莆　田	Putian	54	56	45
泉　州	Quanzhou	140	145	129
漳　州	Zhangzhou	57	61	52
宁　德	Ningde	32	27	27
山　东	**Shandong**	**506**	**489**	**480**
青　岛	Qingdao	146	145	147
东　营	Dongying	40	37	38
烟　台	Yantai	100	95	88
潍　坊	Weifang	84	87	87
威　海	Weihai	58	51	48
日　照	Rizhao	32	30	30
滨　州	Binzhou	47	43	43
广　东	**Guangdong**	**1605**	**1638**	**1721**
广　州	Guangzhou	329	349	400
深　圳	Shenzhen	464	487	496
珠　海	Zhuhai	76	78	76
汕　头	Shantou	60	59	52
江　门	Jiangmen	57	64	59
湛　江	Zhanjiang	51	54	46
茂　名	Maoming	49	46	50
惠　州	Huizhou	99	95	101
汕　尾	Shanwei	20	20	18
阳　江	Yangjiang	24	20	21
东　莞	Dongguan	242	242	287
中　山	Zhongshan	78	76	76
潮　州	Chaozhou	19	18	16
揭　阳	Jieyang	38	30	23
广　西	**Guangxi**	**44**	**41**	**42**
北　海	Beihai	14	14	14
防城港	Fangchenggang	9	8	7
钦　州	Qinzhou	21	19	21
海　南	**Hainan**	**66**	**65**	**67**
海　口	Haikou	52	51	53
三　亚	Sanya	14	14	14

9-21 香港特别行政区社会经济部分统计资料
Statistics Data of Socioeconomy of Hong Kong Special Administrative Region

主要指标	2019	2020	2021
本地生产总值（亿美元） GRP (100 million USD)	3630	3449 ①	3691 ①
本地生产总值年增长率（%） Annual Growth Rate of GRP (%)	-1.7	-6.5 ①	6.3 ①
人均本地生产总值（美元） Per Capita GRP (USD)	48355	46109 ①	49795 ①
年中人口（万人） Mid-year Population (10000 persons)	750.8	748.1	741.3
就业人口（万人） Employed Persons (10000 persons)	387.1	369.1	367.0
保护区情况 Nature Reserves			
陆地保护区面积占陆地面积比重（%） Terrestrial Protected Areas (% of Total Land Area)	41.9 ③		41.9
海洋保护区面积占领海面积比重（%） Marine Protected Areas (% of Territorial Waters)			100.0
鱼类濒危物种（种）② Endangered Species of Fish (number)	15 ③		
进出香港货物 Inward and Outward Movements of Cargo			
海运卸下（万吨） Discharged by Ocean (10000 t)	11115.2	10357.7	9745.9
海运装上（万吨） Loaded by Ocean (10000 t)	5017.2	4559.7	5179.7
访港旅客（万人·次） Visitor Arrivals (10000 person-times)	5591.3	356.9	9.1

注：①数字将于日后修订。
②数据来源于世界银行WDI数据库。
③2018年数据。

Note: ①Data are subject to revision later on.
②The data come from the *World Bank WDI Database*.
③Data for 2018.

9-22 澳门特别行政区社会经济部分统计资料
Statistics Data of Socioeconomy of Macao Special Administrative Region

主要指标	2019	2020	2021
本地生产总值（亿美元） GRP (100 million USD)	552.1 ①	255.9 ①	299.0
本地生产总值实际增长率（%） Growth Rate in Real Terms of GRP (%)	-2.5 ①	-54.0 ①	18.0
人均本地生产总值（美元） GRP Per Capita (USD)	81969	37553	43774
本地生产总值产业构成（%） Industrial Composition of GRP (%)			
第二产业 Secondary Industry	4.3	8.7	
第三产业 Tertiary Industry	95.7	91.3	
年中人口（万人） Mid-year Population	67.2	68.5	68.3
就业人口（万人） Employed Persons (10000 persons)	38.8	39.5	37.8
鱼类濒危物种（种）② Endangered Species of Fish (number)	9 ③		
入境游客（万人·次） Visitor Arrivals (10000 person-times)	3941	590	771

注：①修订数字。
②数据来源于世界银行WDI数据库。
③2018年数据。

Note: ①Revised data.
②The data come from the World Bank WDI Database.
③Data for 2018.

9-23 台湾省社会经济部分统计资料
Statistics Data of Socioeconomy of Taiwan Province

主要指标	2019	2020	2021
本地生产总值（新台币亿元） GRP (NT$ 100 million)	189086	197986	217065
本地生产总值增长率（%） Growth Rate of GRP (%)	3.1	3.4	6.5
本地生产总值产业构成（%） Industrial Composition of GRP (%)			
第一产业 Primary Industry	1.7	1.6	1.5
第二产业 Secondary Industry	35.4	37.0	37.8
第三产业 Tertiary Industry	62.8	61.0	60.4
户籍登记人口（万人） Year-end Population (10000 persons)	2360.3	2356.1	2337.5
就业人数（万人） Employed Persons (10000 persons)	1150.0	1150.4	1144.7
渔业生产情况 Fishery Production			
捕捞产量（吨）① Capture Production (t)	749368		
水产养殖产量（吨）① Aquaculture Production (t)	291499		
鱼类产量（万吨）② Output of Total Fishes (10000 t)	89.4	72.0	
海域鱼类产量（万吨）② Ocean Area (10000 t)	78.1	61.7	
来台旅游人数（万人·次） Inbound Tourists (10000 person-times)	1186.4	137.8	14.0

注：①数据来源于联合国粮农组织《渔业和水产养殖统计年鉴2019》。
②数据来源于联合国FAO数据库。

Note: ①The data come from the FAO yearbook *Fishery and Aquaculture Statistics 2019.*
②The data come from the *FAO Database.*

主要统计指标解释

1. 国内生产总值(GDP) 指一个国家所有常住单位在一定时期内生产活动的最终成果。国内生产总值有三种表现形态，即价值形态、收入形态和产品形态。从价值形态看，它是所有常住单位在一定时期内生产的全部货物和服务价值与同期投入的全部非固定资产货物和服务价值的差额，即所有常住单位的增加值之和；从收入形态看，它是所有常住单位在一定时期内创造的各项收入之和，包括劳动者报酬、生产税净额、固定资产折旧和营业盈余；从产品形态看，它是所有常住单位在一定时期内最终使用的货物和服务价值与货物和服务净出口价值之和。在实际核算中，国内生产总值有三种计算方法，即生产法、收入法和支出法。三种方法分别从不同的方面反映国内生产总值及其构成。

对于一个地区来说，称为地区生产总值或地区 GDP。

2. 三次产业 三次产业的划分是世界上较为常用的产业结构分类，但各国的划分不尽一致。根据《国民经济行业分类》（GB/T 4754—2011）和《三次产业划分规定》，我国的三次产业划分是：

第一产业是指农、林、牧、渔业（不含农、林、牧、渔服务业）。

第二产业是指采矿业（不含开采辅助活动），制造业（不含金属制品、机械和设备修理业），电力、热力、燃气及水生产和供应业，建筑业。

第三产业即服务业，是指除第一产业、第二产业以外的其他行业。

3. 增加值 是指各行各业生产经营和劳务活动的最终成果，采用生产法和收入法两种方法计算。

生产法是从货物和服务活动在生产过程中形成的总产品入手，剔除生产过程中投入的中间产品价值，得到新增价值的方法。

收入法又称分配法。按收入法计算国内生产总值是从生产过程创造的收入的角度对常住单位的生产活动成果进行核算；按照此法计算，增加值由劳动者报酬、固定资产折旧、生产税净额和营业盈余四个部分组成。

4. 一般公共预算收入 指国家财政参与社会产品分配所取得的收入，是实现国家职能的财力保证。主要包括：（1）各项税收：包括国内增值税、国内消费税、进口货物增值税、进口消费品消费税、出口货物退增值税、出口消费品退消费税、企业所得税、个人所得税、资源税、城市维护建设税、房产税、印花税、城镇土地使用税、土地增值税、车船税、船舶吨税、车辆购置税、关税、耕地占用税、契税、烟叶税、环境保护税等。（2）非税收入：包括专项收入、行政事业性收费收入、罚没收入、国有资本经营收入、国有资源（资产）有偿使用收入和其他收入。财政收入按现行分税制财政体制划分为中央本级收入和地方本级收入。

5. 一般公共预算支出 指国家财政将筹集起来的资金进行分配使用，以满足经济建设和各项事业的需要。主要包括：一般公共服务、外交、国防、公共安全、教育、科学技术、文化旅游体育与传媒、社会保障和就业、卫生健康、节能环保、城乡社区、农林水、交通运输、资源勘探工业信息等、商业服务业等、金融、援助其他地区、自然资源海洋气象等、住房保障、粮油物资储备、灾害防治及应急管理、债务付息、债务发行费用等方面的支出。财政支出根据政府在经济和社会活动中的不同职权，划分为中央财政支出和地方财政支出。

6. 普通、职业高等学校 指国家依法审批的，实施高等学历教育的全日制大学、独立设置的学院、独立学院、本科层次职业学校、高等专科学校、高等职业学校及其他普通高教机构。

大学、独立设置的学院主要实施普通本科及本科层次以上的教育。独立学院主要实施普通本科层次的教育。本科层次职业学校主要实施本科层次职业教育。高等专科学校、高等职业学校实施专科层次的教育。其他普通高教机构是指承担国家普通招生计划任务不计校数的机构，包括普通高等学校分校、大专班等。

7. 医疗卫生机构 指从卫生健康行政部门取得《医疗机构执业许可证》，或从民政、工商行政、机构编制管理部门取得法人单位登记证书，为社会提供医疗保健、疾病控制、卫生监督服务或从事医学科研和医学在职培训等工作的单位。医疗卫生机构包括医院、基层医疗卫生机构、专业公共卫生机构、其他医疗卫生机构。

8. 供水总量 指各种水源提供的包括输水损失在内的水量之和。

9. 全社会固定资产投资 是以货币形式表现的在一定时期内全社会建造和购置固定资产的工作量以及与此有关费用的总称。该指标是反映固定资产投资规模、结构和发展速度的综合性指标。全社会固定资产投资按登记注册类型可分为国有、集体、联营、股份制、私营和个体、港澳台商、外商、其他等。

10. 固定资产投资（不含农户） 指城镇和农村各种登记注册类型的企业、事业、行政单位及城镇个体户进行的计划总投资 500 万元及以上的建设项目投资和房地产开发投资，包括原口径的城镇固定资产投资加上农村企事业组织项目投资，该口径自 2011 年起开始使用。

11. 货物进出口总额 指实际进出我国关境的货物总金额。包括对外贸易实际进出口货物，来料加工装配进出口货物，国家间、联合国及国际组织无偿援助物资和赠送品，华侨、港澳台同胞和外籍华人捐赠品，租赁期满归承租人所有的租赁货物，进料加工进出口货物，边境地方贸易及边境地区小额贸易进出口货物，中外合资企业、中外合作经营企业、外商独资经营企业进出口货物和公用物品，到、离岸价格在规定限额以上的进出口货样和广告品(无商业价值、无使用价值和免费提供出口的除外)，从保税仓库提取在中国境内销售的进口货物以及其他进出口货物。该指标可以观察一个国家在货物贸易方面的总规模。我国规定出口货物按离岸价格统计，进口货物按到岸价格统计。

12. 商品收发货人所在地进、出口额 指在所在地海关注册登记的有进出口经营权的企业实际进、出口额。

13. 人口数 指一定时点、一定地区范围内有生命的个人总和。

年度统计的年末人口数指每年 12 月 31 日 24 时的人口数。年度统计的全国人口总数内未包括香港、澳门特别行政区和台湾省以及海外华侨人数。

14. 就业人员 指年满 16 周岁，为取得报酬或经营利润，在调查周内从事了 1 小时（含 1 小时）以上劳动的人员；或由于在职学习、休假等原因在调查周内暂时未工作的人员；或由于停工、单位不景气等原因临时未工作的人员。

Explanatory Notes on Main Statistical Indicators

1. Gross Domestic Product (GDP) refers to the final products produced by all resident units in a country during a certain period of time. Gross domestic product is expressed in three different perspectives, namely value, income, and products respectively. GDP in its value perspective refers to the balance of total value of all goods and services produced by all resident units during a certain period of time, minus the total value of input of goods and services of the nature of non-fixed assets; in other words, it is the sum of the value-added of all resident units. GDP from the perspective of income refers to the sum of all kinds of revenue, including compensation of employees, net taxes on production, depreciation of fixed assets, and operating surplus. GDP from the perspective of products refers to the value of all goods and services for final demand by all resident units plus the net exports of goods and services during a given period of time. In the practice of national accounting, gross domestic product is calculated by three approaches, namely production approach, income approach and expenditure approach, which reflect gross domestic product and its composition from different angles.

For a region, it is called as gross regional product(GRP) or regional GDP.

2. Three Industries Classification of economic activities into three strata of industry is a common practice in the world, although the grouping varies to some extent from country to country. In China, according to Industrial Classification for National Economic Activities (GB/T 4754—2011) and Dividing Basis of Three Industries, economic activities are categorized into the following three strata of industry:

Primary industry refers to agriculture, forestry, animal husbandry and fishery industries (not including services in support of agriculture, forestry, animal husbandry and fishery industries).

Secondary industry refers to mining and quarrying(not including support activities for mining), manufacturing(not including repair service of metal products, machinery and equipment), production and supply of electricity, heat, gas and water, and construction.

Tertiary industry refers to all other economic activities not included in the primary or secondary industries.

3. Added Value refers to the final result of production, operation and labor activities of all trades and professions, which is calculated by using the production and income methods.

Production Method: refers to the method whereby to get the newly added value by proceeding from the gross product of goods and service activities occurring in the course of production and then rejecting the value of intermediate product input in the course of production.

Income Method: is also called the distribution method. The calculation of the gross domestic product (GDP) by the income method is the accounting of the result of productive activities of permanent units from the angle of the income created in the course of production. According to this method, the added value is composed of the payment for laborers, depreciation of fixed assets, net tax on production and business surplus.

4. General Public Budget Revenue refers to income for the government finance through participating in the distribution of social products. It is the financial guarantee to ensure government functioning. The government revenue includes the following main items: (1) Various tax revenues including domestic value added tax (VAT), domestic consumption tax, VAT from imports, consumption tax from imports, VAT rebate for exports, consumption tax rebate for exports, corporate income tax, individual income tax, resource tax, city maintenance and construction tax, house property tax, stamp tax, urban land use tax, land appreciation tax, tax on vehicles and boat operation, ship tonnage tax, vehicle purchase tax, tariffs, farm land occupation tax, deed tax, and tobacco tax, environment protection tax, etc. (2) Non-tax revenue, including special program receipts, charge income of administrative and institutional units, penalty receipts, operating income from government capital, income from use of state-owned resources (assets) and others non-tax receipts.

5. General Public Budget Expenditure refers to the distribution and use of the funds which the government finance has raised, so as to meet the needs of economic construction and various undertakings. It includes the following main items: expenditure for general public services, expenditure for foreign affairs, expenditure for national defence expenditure for public security, expenditure for education, expenditure for science and technology, expenditure for culture, tourism, sport and media, expenditure for social safety net and employment effort, expenditure for health care, expenditure for energy conservation and environment protection, expenditure for urban and rural community affairs, expenditure for agriculture, forestry and water conservancy, expenditure for transportation, expenditure for resource exploration and industrial information, expenditure for affairs of commerce and services, expenditure for finance, aid to other regions, expenditure for nature resources, ocean and weather, expenditure for housing security, expenditure for grain & oil reserves, expenditure for prevention of disasters and emergency management, interest payment for public debts, expenditure for issuing debts. General public budget expenditure is divided into general public budget expenditure of central government and general public budget expenditure of local government according to the different functions of the governments played in economic and social activities.

6. Regular and Vocational Higher Education Institutions refer to full-time universities, independently established schools, independent colleges, undergraduate level vocational schools, higher professional colleges, higher vocational colleges and other regular higher education institutions approved by the state according to law and implementing higher academic education.

Universities and independently established schools primarily provide normal courses at undergraduate and higher levels. Independent colleges mainly provide normal undergraduate courses. Undergraduate level vocational schools primarily provide undergraduate level vocational courses. Higher professional colleges and higher vocational colleges primarily provide undergraduate of short-cycle courses. Other regular higher education institutions refer to educational establishments, which are responsible for enrolling higher education students under the State Plan but not enumerated in the total number of schools, including: branch schools of regular higher education institutions and junior colleges.

7. Health Care Institutions refer to the units which have been qualified with the Certification of Health Care Institution, or qualified with the Certification of Corporate Unit by the civil affairs, administration for industry and commerce, and engaging in medical care services, disease control services, health supervision services, or medicine research and on-job training, etc., including: hospitals, health care institutions at grass-root level, specialized public health institutions, and other health care institutions.

8. Water Supply refers to gross water supplied by various sources, including losses during distribution

9. Total Investment in Fixed Assets in the Whole Country refers to the volume of activities in construction and purchases of fixed assets of the whole country and related fees, expressed in monetary terms during the reference period. It is a comprehensive indicator which shows the size, structure and growth of the investment in fixed assets, providing a basis for observing the progress of construction projects and evaluating results of investment. Total investment in fixed assets in the whole country by registration status includes: the investment by state-owned units, collective-owned units, joint ownership units, share-holding units, private units, individuals as well as investments by entrepreneurs from Hong Kong, Macao and Taiwan, foreign investors and others.

10. Investment in Fixed Assets (Excluding Rural Households) refers to the investment in construction projects with a total planned investment of 5 million yuan and above, carried out by enterprises of various ownerships, institutions, administrative units in both urban and rural areas, urban self-employed individuals, as well as investment in real estate development. Since 2011, it covers the urban investment in fixed assets under the previous statistical coverage and the investments by rural enterprises and institutions.

11. Total Import and Export of Goods refers to the real value of commodities imported and exported across the border of China. They include the actual imports and exports through foreign trade, imported and exported goods under the processing and assembling trades and materials, supplies and gifts as aid given gratis between governments and by the United Nations and other international organizations, and contributions donated by overseas Chinese, compatriots in Hong Kong and Macao and Chinese with foreign citizenship, leasing commodities owned by tenant at the expiration of leasing period, the imported and exported commodities processed with imported materials, commodities trading in border areas, the imported and exported commodities and articles for public use of the Sino-foreign joint ventures, cooperative enterprises and ventures with sole foreign investment. Also included import or export of samples and advertising goods for which CIF or FOB value are beyond the permitted ceiling (excluding goods of no trading or use value and free commodities for export), imported goods sold in China from bonded warehouses and other imported or exported goods. The indicator of the total imports and exports at customs can be used to observe the total size of external trade in a country. In accordance with the stipulation of the Chinese government, imports are calculated at CIF, while exports are calculated at FOB.

12. Import or Export Value by Location of China's Foreign Trade Managing Units refers to actual value of imports and exports carried out by corporations which have been registered by the local Customs house and are vested with right to run import export business.

13. Total Population refers to the total number of people alive at a certain point of time within a given area.

The annual statistics on total population is taken at midnight, the 31st of December, not including residents in Taiwan Province, Hong Kong and Macao and overseas Chinese.

14. Employed Persons refer to persons, aged 16 and over, who performed some work for compensation or business gains for one hour or more during the reference period; or persons who do not work for the reasons of study or on holiday; or persons who are temporarily absent from a job for disorganization or suspension of work, recession, etc.

10

世界海洋经济统计资料（部分）

World's Marine Economic Statistics Data (Part)

10-1 世界海洋面积（2010年）
World Ocean Area (2010)

区　域 Region	海洋面积 （平方千米） Ocean Area (km^2)	占世界海洋面积的比重 （%） Proportion in the World Ocean Area (%)	占地球表面面积的比重 （%） Proportion in the Earth's Surface Area (%)
合　计 **Total**	**361000000**	**100.0**	**70.8**
太平洋 Pacific Ocean	178334000	49.4	35.0
大西洋 Atlantic Ocean	91694000	25.4	18.0
印度洋 Indian Ocean	76171000	21.1	14.9
北冰洋 Arctic Ocean	14801000	4.1	2.9

注：数据来源于《国际统计年鉴2011》。

Note: The data come from the *International Statistical Yearbook 2011.*

10-2 主要沿海国家国土面积和人口（2021年）
Territory Area and Population of Major Coastal Countries (2021)

国家 Country	国土面积① （万平方千米） Area of Territory (10000 km^2)	年中人口 （万人） Mid-year Population (10000 persons)	人口密度① （人/平方千米） Population Density (persons per km^2)
世界 World	**13467.1**	**783663.1**	**59.7**
中国 China	960.0	141236.0 ②	149.7 ②
孟加拉国 Bangladesh	14.8	16630.3	1265.2
文莱 Brunei Darussalam	0.6	44.2	83.0
柬埔寨 Cambodia	18.1	1694.6	94.7
印度 India	298.0	139340.9	464.1
印度尼西亚 Indonesia	191.7	27636.2	145.7
伊朗 Iran	174.5	8502.9	51.8
以色列 Israel	2.2	936.4	425.8
日本 Japan	37.8	12568.2	346.4
韩国 Korea, Rep.	10.0	5174.5	531.1
马来西亚 Malaysia	33.0	3277.6	98.5
缅甸 Myanmar	67.7	5480.6	83.4
巴基斯坦 Pakistan	79.6	22520.0	286.5
菲律宾 Philippines	30.0	11104.7	367.5
新加坡 Singapore	0.1	545.4	7919.0

注：数据来源于世界银行WDI数据库。
①2020年数据。
②不含港澳台地区数据。

Note: The data come from the *World Bank WDI Database.*
①Data from 2020.
②Not including the data of HongKong, Macao and Taiwan Regions of China.

10-2 续表 continued

国家 Country	国土面积[①] （万平方千米） Area of Territory (10000 km^2)	年中人口 （万人） Mid-year Population (10000 persons)	人口密度[①] （人/平方千米） Population Density (persons per km^2)
斯里兰卡 Sri Lanka	6.6	2215.6	354.3
泰国 Thailand	51.3	6995.1	136.6
越南 Viet Nam	33.1	9816.9	310.6
埃及 Egypt	100.1	10425.8	102.8
尼日利亚 Nigeria	92.4	21140.1	226.3
南非 South Africa	121.9	6004.2	48.9
加拿大 Canada	988.0	3824.6	4.2
墨西哥 Mexico	196.4	13026.2	66.3
美国 United States	983.2	33189.4	36.2
阿根廷 Argentina	278.0	4580.9	16.6
巴西 Brazil	851.6	21399.3	25.4
委内瑞拉 Venezuela	91.2	2870.5	32.2
法国 France	54.9	6749.9	123.1
德国 Germany	35.8	8312.9	238.0
意大利 Italy	30.2	5906.6	201.0
荷兰 Netherlands	4.2	1753.3	518.0
波兰 Poland	31.3	3778.1	123.8
俄罗斯 Russia	1709.8	14344.6	8.8
西班牙 Spain	50.6	4732.7	94.8
土耳其 Turkey	78.5	8504.3	109.6
乌克兰 Ukraine	60.4	4381.5	76.2
英国 United Kingdom	24.4	6732.7	277.3
澳大利亚 Australia	774.1	2573.9	3.3
新西兰 New Zealand	26.8	512.3	19.3

10-3 主要沿海国家国内生产总值（2021年）
Gross Domestic Product of Major Coastal Countries (2021)

国家 Country	国内生产总值 （亿美元） GDP (100 million USD)	人均国内生产总值 （美元） GDP per Capita (current USD)	国内生产总值增长率 （%） Growth Rate of GDP (%)
世界 World	**961001**	**12263**	**5.8**
中国（不含港澳台地区） China (Not including Hong Kong, Macao and Taiwan Regions of China)	177341	12556	8.1
孟加拉国 Bangladesh	4163	2503	6.9
文莱 Brunei Darussalam	140	31723	-1.6
柬埔寨 Cambodia	270	1591	3.0
印度 India	31734	2277	8.9
印度尼西亚 Indonesia	11861	4292	3.7
伊朗 Iran			
以色列 Israel	4816	51430	8.2
日本 Japan	49374	39285	1.6
韩国 Korea, Rep.	17985	34758	4.0
马来西亚 Malaysia	3727	11371	3.1
缅甸 Myanmar	651	1187	-18.0
巴基斯坦 Pakistan	3463	1538	6.0
菲律宾 Philippines	3941	3549	5.7
新加坡 Singapore	3970	72794	7.6
斯里兰卡 Sri Lanka	845	3815	3.7
泰国 Thailand	5060	7233	1.6
越南 Viet Nam	3626	3694	2.6

注：数据来源于世界银行WDI数据库。

Note: The data come from the *World Bank WDI Database.*

10-3 续表 continued

国家 Country	国内生产总值 （亿美元） GDP (100 million USD)	人均国内生产总值 （美元） GDP per Capita (current USD)	国内生产总值增长率 （%） Growth Rate of GDP (%)
埃及 Egypt	4041	3876	3.3
尼日利亚 Nigeria	4408	2085	3.6
南非 South Africa	4199	6994	4.9
加拿大 Canada	19908	52051	4.6
墨西哥 Mexico	12930	9926	4.8
美国 United States	229961	69288	5.7
阿根廷 Argentina	4915	10729	10.3
巴西 Brazil	16090	7519	4.6
委内瑞拉 Venezuela			
法国 France	29375	43519	7.0
德国 Germany	42231	50802	2.9
意大利 Italy	20999	35551	6.6
荷兰 Netherlands	10180	58061	5.0
波兰 Poland	6741	17841	5.7
俄罗斯 Russia	17758	12173	4.8
西班牙 Spain	14253	30116	5.1
土耳其 Turkey	8153	9587	11.0
乌克兰 Ukraine	2001	4836	3.4
英国 United Kingdom	31869	47334	7.4
澳大利亚 Australia	15427	59934	1.5
新西兰 New Zealand	2500	48802	4.6

10-4 主要沿海国家国内生产总值产业构成（2021年）
Industrial Composition of GDP of Major Coastal Countries by Industry (2021)

单位：%　　(%)

国家 Country	国内生产总值产业构成（%） Industrial Structure of GDP (%)		
	第一产业 Primary Industry	第二产业 Secondary Industry	第三产业 Tertiary Industry
世界 World	**4.3**	**28.3**	**65.7** ①
中国（不含港澳台地区） China (Not including Hong Kong, Macao and Taiwan Regions of China)	7.3	39.4	53.3
孟加拉国 Bangladesh	11.6	33.3	51.3
文莱 Brunei Darussalam	1.3	62.7	37.6
柬埔寨 Cambodia	22.8	36.8	34.2
印度 India	16.8	25.9	47.7
印度尼西亚 Indonesia	13.3	39.9	42.8
伊朗 Iran	12.8 ①	35.7 ①	49.0 ①
以色列 Israel	1.2 ①	18.6 ①	71.4 ①
日本 Japan	1.0 ①	29.0 ①	69.5 ①
韩国 Korea, Rep.	1.8	32.5	57.3
马来西亚 Malaysia	9.6	37.7	51.5
缅甸 Myanmar	23.5	35.2	41.3
巴基斯坦 Pakistan	23.0	18.7	52.1
菲律宾 Philippines	10.1	28.9	61.0
新加坡 Singapore		24.9	69.4
斯里兰卡 Sri Lanka	9.0	27.8	57.5

注：数据来源于世界银行WDI数据库。
①2020年数据；②2018年数据；③2019年数据。
Notes: The data come from the *World Bank WDI Database*.
①Data for 2020. ②Data for 2018. ③Data for 2019.

10-4 续表 continued

国家 Country	国内生产总值产业构成（%） Industrial Structure of GDP (%)		
	第一产业 Primary Industry	第二产业 Secondary Industry	第三产业 Tertiary Industry
泰国 Thailand	8.5	34.8	56.7
越南 Viet Nam	14.9 ①	33.7 ①	41.6 ①
埃及 Egypt	11.8	30.8	52.2
尼日利亚 Nigeria	23.4	31.4	43.8
南非 South Africa	2.4	24.5	62.7
加拿大 Canada	1.7 ②	24.6 ②	66.9 ②
墨西哥 Mexico	3.8	31.9	58.4
美国 United States	1.1 ①	18.4 ①	80.1 ①
阿根廷 Argentina	6.9	24.9	52.0
巴西 Brazil	6.9	18.9	59.4
委内瑞拉 Venezuela			
法国 France	1.6	16.8	70.2
德国 Germany	0.8	26.6	63.0
意大利 Italy	2.0	22.6	65.1
荷兰 Netherlands	1.6	18.0	69.5
波兰 Poland	2.4	29.3	55.6
俄罗斯 Russia	3.8	33.2	53.0
西班牙 Spain	2.7	20.5	67.2
土耳其 Turkey	5.6	31.1	52.7
乌克兰 Ukraine	10.6	23.5	51.8
英国 United Kingdom	0.6	17.7	71.6
澳大利亚 Australia	2.3	25.5	65.7
新西兰 New Zealand	5.7 ③	20.4 ③	65.6 ③

10-5 主要沿海国家就业人数
Employment in the Major Coastal Countries

单位：万人　　　　(10000 persons)

国家 Country	2000	2005	2010	2019	2020	2021
中国（不含港澳台地区） China (Not including Hong Kong, Macao and Taiwan Regions of China)	72085	74647	76105	75447	75064	
孟加拉国 Bangladesh			5408			
文莱 Brunei Darussalam				22	22	
柬埔寨 Cambodia	515		796	871		
印度 India	32704	36328	36967	36505	40625	
印度尼西亚 Indonesia	8984	9396	10781	13190	13119	13052
伊朗 Iran			2025	2405	2307	
以色列 Israel	246	274	294			
日本 Japan	6446	6356	6194	6677	6676	6667
韩国 Korea, Rep.	2116	2283	2422	2723	2702	2740
马来西亚 Malaysia			1129	1507	1496	
缅甸 Myanmar				2244	2228	
巴基斯坦 Pakistan			4939	5903		6165
菲律宾 Philippines		3231	3603	4243	3938	
新加坡 Singapore		165	306	223	222	230
斯里兰卡 Sri Lanka			770	818		
泰国 Thailand			3804	3761	3768	
越南 Viet Nam			4949	5457	5333	5341

注：数据来源于联合国ILO数据库。

Note: The data come from the *ILO Database*.

10-5 续表 continued

国家 Country	2000	2005	2010	2019	2020	2021
埃及 Egypt			2383	2612	2620	
尼日利亚 Nigeria		4911	4853	6551		
南非 South Africa	1036	1088	1474	1821	1765	1722
加拿大 Canada	1476	1612	1696	1906	1806	1887
墨西哥 Mexico	3759	4208	4612	5462	5092	5517
美国 United States	13689	14173	13906	15754	14780	15258
阿根廷 Argentina		953	1053	1204	1094	1224
巴西 Brazil		8323		9349	8569	9048
委内瑞拉 Venezuela		1040	1201			
法国 France	2312	2498	2573	2713	2700	2773
德国 Germany	3632	3636	3799	4240	4147	4150
意大利 Italy	2093	2241	2253	2336	2290	2255
荷兰 Netherlands	786	783	829	898	898	928
波兰 Poland	1452	1412	1547	1646	1644	1666
俄罗斯 Russia	6507	6834	6993	7193	7060	
西班牙 Spain	1544	1921	1872	1978	1920	1977
土耳其 Turkey	2158	2007	2259	2808		
乌克兰 Ukraine			2027			
英国 United Kingdom	2726	2874	2912	3269		
澳大利亚 Australia	890	988	1099	1289	1267	1312
新西兰 New Zealand	180	208	218	270	273	279

10-6 主要沿海国家鱼类产量（2020年）
Fish Yields of Major Coastal Countries (2020)

单位：万吨 (10000 t)

国家 Country	鱼类产量 Output of Total Fishes	海域鱼类产量 Ocean Area
中国（不含港澳台地区） China (Not including Hong Kong, Macao and Taiwan Regions of China)	3707.6	1010.3
孟加拉国 Bangladesh	425.0	77.1
柬埔寨 Cambodia	88.8	9.9
印度 India	1232.5	304.3
印度尼西亚 Indonesia	1034.1	649.0
伊朗 Iran	121.5	68.8
日本 Japan	287.2	283.1
韩国 Korea, Rep.	114.9	112.4
马来西亚 Malaysia	133.8	123.6
缅甸 Myanmar	289.9	98.6
巴基斯坦 Pakistan	61.2	30.1
菲律宾 Philippines	243.9	205.9
斯里兰卡 Sri Lanka	38.8	29.5
泰国 Thailand	175.5	125.6
越南 Viet Nam	600.6	297.3
埃及 Egypt	197.7	43.3
尼日利亚 Nigeria	98.7	37.1
南非 South Africa	58.6	58.4
加拿大 Canada	52.6	49.3
墨西哥 Mexico	128.3	106.3
美国 United States	376.4	358.5
阿根廷 Argentina	44.8	42.7
巴西 Brazil	119.3	42.2
法国 France	38.2	34.0
俄罗斯 Russia	501.2	454.9
西班牙 Spain	81.4	79.3
土耳其 Turkey	73.9	58.1
英国 United Kingdom	71.3	70.2
新西兰 New Zealand	37.3 ①	37.1 ①

注：数据来源于联合国FAO数据库。
①2019年数据。

Note: The data come from the *FAO Database*.
①Data for 2019.

10-7 国家保护区面积和鱼类濒危物种（2021年）
Area of National Nature Reserves and Endangered Species of Fish (2021)

国家 Country	国家保护区 National Nature Reserves		鱼类濒危物种[①] （种） Endangered Species of Fish (number)
	陆地保护区面积占陆地面积比重 Terrestrial Protected Areas (% of Total Land Area)	海洋保护区面积占领海面积比重 Marine Protected Areas (% of Territorial Waters)	
中国（不含港澳台地区） China (Not including Hong Kong, Macao and Taiwan Regions of China)	15.6	5.5	136
孟加拉国 Bangladesh	4.6	5.4	29
文莱 Brunei Darussalam	46.9	0.2	14
柬埔寨 Cambodia	39.7	1.4	48
印度 India	7.5	0.2	227
印度尼西亚 Indonesia	12.2	3.1	166
伊朗 Iran	8.6	0.8	47
以色列 Israel	24.5	0.0	50
日本 Japan	29.8	13.9	77
韩国 Korea, Rep.	17.0	2.5	28
马来西亚 Malaysia	13.3	5.6	87
缅甸 Myanmar	6.6	0.5	53
巴基斯坦 Pakistan	12.3	0.8	46
菲律宾 Philippines	15.9	1.7	91
新加坡 Singapore	5.6	0.0	29
斯里兰卡 Sri Lanka	29.9	0.1	57
泰国 Thailand	18.6	4.4	106
越南 Viet Nam	7.6	0.6	83

注：数据来源于世界银行WDI数据库。
①2018年数据。

Note: The data come from the *World Bank WDI Database*.
①Data for 2018.

10-7 续表 continued

国家 Country	国家保护区 National Nature Reserves		鱼类濒危物种[①] （种） Endangered Species of Fish (number)
	陆地保护区面积占陆地面积比重 Terrestrial Protected Areas (% of Total Land Area)	海洋保护区面积占领海面积比重 Marine Protected Areas (% of Territorial Waters)	
埃及 Egypt	13.1	5.0	58
尼日利亚 Nigeria	13.9	0.0	74
南非 South Africa	8.7	15.5	121
加拿大 Canada	11.9	8.9	44
墨西哥 Mexico	14.5	21.6	181
美国 United States	13.0	19.1	251
阿根廷 Argentina	8.5	11.8	42
巴西 Brazil	30.3	26.8	93
委内瑞拉 Venezuela	56.9	4.4	45
法国 France	28.0	49.8	53
德国 Germany	37.5	45.5	24
意大利 Italy	21.5	9.7	52
荷兰 Netherlands	22.5	26.9	15
波兰 Poland	39.5	22.6	8
俄罗斯 Russia	11.5	2.2	39
西班牙 Spain	28.1	12.8	83
土耳其 Turkey	7.0	1.8	131
乌克兰 Ukraine	13.0	9.2	24
英国 United Kingdom	28.7	44.2	48
澳大利亚 Australia	20.4	44.3	125
新西兰 New Zealand	33.4	30.4	38

10-8 主要沿海国家风力发电量
Wind-Power Capacities of Major Coastal Countries

单位：百万千瓦·时 (million kW-h)

国家 Country	2013	2014	2015	2016	2017	2018	2019
中国（不含港澳台地区） China (Not including Hong Kong, Macao and Taiwan Regions of China)	141197	156078	185766	237071	295023	365971	406030
孟加拉国 Bangladesh	4	4	4	5	5	6	6
印度 India	33583	27057	30045	35530	38486	64294	69949
伊朗 Iran	376	358	221	250	306	585	555
以色列 Israel	6	6	7		180	183	184
日本 Japan	5201	5038	5160	5951	6490	7481	7673
韩国 Korea, Rep.	1149	1146	1201	1683	2169	2465	2681
巴基斯坦 Pakistan		397	1549	2668	1422	2124	3234
菲律宾 Philippines	66	152	748	975	1094	1153	1042
斯里兰卡 Sri Lanka	236	273	344	345	367	326	348
泰国 Thailand	305	305	329	345	1109	1641	3670
越南 Viet Nam	90	300	261	221	270	312	312
埃及 Egypt	1332	1315	1345	2058	2200	2234	3689
南非 South Africa	37	1070	2270	3700	5090	6467	6624
加拿大 Canada	11594	22538	26446	30766	28775	33183	32657
墨西哥 Mexico	4185	6426	8745	10378	10442	12877	16880
美国 United States	169713	183892	192992	229471	257249	275834	298200
阿根廷 Argentina	461	730	599	548	612	1413	4996
巴西 Brazil	6579	12211	21626	33488	42354	48475	55986
法国 France	16033	17249	21249	21400	24711	28599	34722
德国 Germany	51708	57357	79206	78598	105693	109951	125894
意大利 Italy	14897	15178	14844	17689	17742	17716	20202
荷兰 Netherlands	5627	5797	7550	8170	10569	10549	11508
波兰 Poland	6004	7676	10858	12588	14909	12799	15107
俄罗斯 Russia	5	96	148	148	140	232	331
西班牙 Spain	53903	52013	49325	48906	49127	50896	55647
土耳其 Turkey	7557	8520	11652	15517	17903	19949	21731
乌克兰 Ukraine	639	1130	1084	954	984	1188	2020
英国 United Kingdom	28434	32015	40310	37367	50004	56906	64335
澳大利亚 Australia	7328	10252	11467	12199	12597	15164	17712
新西兰 New Zealand	2020	2214	2356	2303	2141	2067	2254

注：数据来源于联合国ESD数据库。

Note: The data come from the *UN ESD Database*.

10-9 主要沿海国家捕捞产量
Capture Production in the Major Coastal Countries

单位：吨 (t)

国家 Country	2018	2019
世界总计 World Total	**96620321**	**92498001**
中国（不含港澳台地区） China (Not including Hong Kong, Macao and Taiwan Regions of China)	14647819	13995443 ①
印度尼西亚 Indonesia	7216405	7479325 ①
印度 India	5320253	5458700
俄罗斯 Russia	5111431	4974162
秘鲁 Peru	7170033	4814950
美国 United States	4744418	4800499
越南 Viet Nam	3346179	3429029
日本 Japan	3261796	3163760 ①
挪威 Norway	2493497	2309319
菲律宾 Philippines	2049572	2053681
智利 Chile	2123386	1971756
缅甸 Myanmar	2036869 ①	1951120 ①
孟加拉国 Bangladesh	1871225	1895619
墨西哥 Mexico	1692045	1573362
泰国 Thailand	1536756	1542465
马来西亚 Malaysia	1458951 ①	1461015
摩洛哥 Morocco	1371717	1458594
韩国 Korea, Rep.	1394616	1358252 ①
冰岛 Iceland	1259293	905429

注：数据来源于联合国粮农组织《渔业和水产养殖统计年鉴2019》。
捕捞品种包括鱼类、甲壳类、软体类等水生动物；①为联合国粮农组织估算值。

Note: The data come from the FAO Yearbook *Fishery and Aquaculture Statistics 2019.*
The fished species include fish, crustaceans, molluscs and other aquatic animals.
①It is estimated by FAO from available sources of information or calculation.

10-9 续表 continued

国家 Country	2018	2019
西班牙 Spain	925723	879802 ①
阿根廷 Argentina	835387	826095
尼日利亚 Nigeria	878155	825013
伊朗 Iran	828872	779843
加拿大 Canada	827727	758005
毛里塔尼亚 Mauritania	967707	720850 ①
巴西 Brazil	714292 ①	710333 ①
柬埔寨 Cambodia	689155	661690 ①
丹麦 Denmark	789283	628907
英国 United Kingdom	700788	619937
厄瓜多尔 Ecuador	597466	608042
乌干达 Uganda	439354	603224
阿曼 Oman	554558	579186
塞内加尔 Senegal	484750	513479
斯里兰卡 Sri Lanka	510208	505830
巴基斯坦 Pakistan	504810	488503
法国 France	573134 ①	480840
土耳其 Turkey	314095	463168
南非 South Africa	559576	445682 ①
新西兰 New Zealand	407095	411293
埃及 Egypt	373285	397042
荷兰 Netherlands	411714	320361 ①
委内瑞拉 Venezuela	277266 ①	275172 ①
德国 Germany	279213	224395
波兰 Poland	222704	211443

10-10 主要沿海国家水产养殖产量
Aquaculture Production in the Major Coastal Countries

单位：吨 (t)

国家 Country	2018	2019
世界总计 World Total	**82304694**	**85335990**
中国（不含港澳台地区） China (Not including Hong Kong, Macao and Taiwan Regions of China)	47559074	48246255
印度 India	7176000	7795000
印度尼西亚 Indonesia	5426943	5950000
越南 Viet Nam	4143500	4442257
孟加拉国 Bangladesh	2405416	2488600
埃及 Egypt	1594231	1641949
挪威 Norway	1354941	1452926
智利 Chile	1266054	1384704
缅甸 Myanmar	1130350	1082141
泰国 Thailand	919640	964266
菲律宾 Philippines	826060	858277
厄瓜多尔 Ecuador	581390	695790

注：数据来源于联合国粮农组织《渔业和水产养殖统计年鉴2019》。
捕捞品种包括鱼类、甲壳类、软体类等水生动物；①为联合国粮农组织估算值。

Note: The data come from the FAO Yearbook *Fishery and Aquaculture Statistics 2019.*
The fished species include fish, crustaceans, molluscs and other aquatic animals.
①It is estimated by FAO from available sources of information or calculation.

10-10 续表 continued

国家 Country	2018	2019
巴西 Brazil	580888	599550
日本 Japan	644252	598229
韩国 Korea, Rep.	568350	593586
伊朗 Iran	439718	505000
美国 United States	466122	490042
土耳其 Turkey	311681	371494
西班牙 Spain	347814	308025
柬埔寨 Cambodia	251850	305408
尼日利亚 Nigeria	291323	289543
墨西哥 Mexico	247192	251232
俄罗斯 Russia	199505	237720
马来西亚 Malaysia	217894	224171
英国 United Kingdom	184932	219500
法国 France	187098	195768
加拿大 Canada	191373	187226
哥伦比亚 Colombia	132756	171025
巴基斯坦 Pakistan	159083	160744

10-11 主要沿海国家石油主要指标（2021年）
Main Oil Indicators of Major Coastal Countries (2021)

国家 Country	原油探明储量（亿桶）Crude Oil Proved Reserves (100 million Barrels)	原油出口量[1]（万桶/天）Crude Oil Including Lease Condensate Exports (10000 Barrels Per Day)	石油产量（万桶/天）Petroleum and Other Liquids Production (10000 Barrels Per Day)
中国（不含港澳台地区）China (Not including Hong Kong, Macao and Taiwan Regions of China)	260		499
文莱 Brunei Darussalam		10	
印度 India	46		89
印度尼西亚 Indonesia	25	20	86
伊朗 Iran	2086	223	346
韩国 Korea, Rep.			
马来西亚 Malaysia	36	30	61
菲律宾 Philippines			
泰国 Thailand			46
越南 Viet Nam	44		
埃及 Egypt	33	20	66
尼日利亚 Nigeria	369	189	165
加拿大 Canada	1703	318	554
墨西哥 Mexico	58	128	192
美国 United States		205	1898
阿根廷 Argentina	25		70
巴西 Brazil	127	112	369
委内瑞拉 Venezuela	3038	100	61
俄罗斯 Russia	800	520	1078
英国 United Kingdom	25	82	94
澳大利亚 Australia		20	46
挪威 Norway	81	124	203

注：数据来源于美国能源署。
①2018年数据。

Note: The data come from the U. S. Energy Information Administration.
①Data for 2018.

10-12 万美元国内生产总值能耗（2017年不变价，PPP）
Energy Use per Ten Thousand USD of GDP (Constant 2017 PPP)

单位：吨标准油/万美元　　(ton of oil equivalent per 10000 USD)

国家 Country	2000	2005	2010	2013	2014	2015
世界 World	**1.43**	**1.37**	**1.30**	**1.23**	**1.20**	
中国（不含港澳台地区） China (Not including Hong Kong, Macao and Taiwan Regions of China)	2.60	2.61	2.20	1.99	1.88	
孟加拉国 Bangladesh	0.62	0.61	0.61	0.56	0.55	
文莱 Brunei Darussalam	1.04	0.87	1.23	1.13	1.35	
柬埔寨 Cambodia	1.89	1.22	1.36	1.24	1.24	
印度 India	1.62	1.39	1.33	1.26	1.24	
印度尼西亚 Indonesia	1.29	1.19	1.06	0.91	0.90	
伊朗 Iran	1.70	1.85	1.79	2.00	2.04	
以色列 Israel	0.97	0.89	0.90	0.79	0.74	0.74
日本 Japan	1.12	1.06	1.02	0.90	0.87	0.85
韩国 Korea, Rep.	1.74	1.52	1.47	1.41	1.39	1.39
马来西亚 Malaysia	1.32	1.41	1.27	1.30	1.26	
缅甸 Myanmar	2.90	1.83	1.00	0.96	1.03	
巴基斯坦 Pakistan	1.23	1.14	1.08	1.01	0.98	
菲律宾 Philippines	1.15	0.89	0.73	0.68	0.68	
新加坡 Singapore	0.83	0.75	0.64	0.57	0.58	
斯里兰卡 Sri Lanka	0.75	0.66	0.53	0.44	0.45	

注：数据来源于世界银行WDI数据库。

Note: The data come from the *World Bank WDI Database.*

10-12 续表 continued

国家 Country	2000	2005	2010	2013	2014	2015
泰国 Thailand	1.17	1.23	1.22	1.26	1.24	
越南 Viet Nam	0.99	1.01	1.07	0.91		
埃及 Egypt	0.76	0.97	0.85	0.82	0.80	
尼日利亚 Nigeria	2.36	1.90	1.53	1.46	1.38	
南非 South Africa	2.20	2.14	2.03	1.85	1.92	
加拿大 Canada	2.22	2.00	1.74	1.66	1.66	1.61
墨西哥 Mexico	0.85	0.95	0.86	0.87	0.83	0.80
美国 United States	1.61	1.44	1.31	1.22	1.21	1.16
阿根廷 Argentina	0.90	0.89	0.82	0.81	0.86	
巴西 Brazil	0.92	0.92	0.91	0.92	0.95	
法国 France	1.04	1.03	0.95	0.90	0.85	0.85
德国 Germany	0.95	0.93	0.85	0.79	0.74	0.75
意大利 Italy	0.70	0.73	0.69	0.64	0.61	0.62
荷兰 Netherlands	1.00	1.01	0.97	0.89	0.83	0.80
波兰 Poland	1.43	1.27	1.10	1.00	0.93	0.90
俄罗斯 Russia	2.90	2.27	2.01	1.93	1.87	
西班牙 Spain	0.86	0.86	0.73	0.71	0.69	0.69
土耳其 Turkey	0.78	0.68	0.74	0.64	0.63	0.64
乌克兰 Ukraine	3.63	2.68	2.36	1.96	1.98	
英国 United Kingdom	0.97	0.86	0.77	0.69	0.63	0.61
澳大利亚 Australia	1.48	1.32	1.29	1.17	1.13	1.15
新西兰 New Zealand	1.35	1.10	1.12	1.10	1.13	1.08

10-13 主要沿海国家国际海运装货量和卸货量
International Maritime Freight Loaded and Unloaded in the Major Coastal Countries

单位：万吨 (10000 t)

国家 Country	国际海运装货量 International Ocean Shipping Loading Capacity			国际海运卸货量 International Ocean Shipping Unloading Capacity		
	2000	2010	2020	2000	2010	2020
孟加拉国 Bangladesh	89	466	592	1408	3860	8267
文莱 Brunei Darussalam	10		116	102		1453
印度尼西亚 Indonesia	14153			4504		
伊朗 Iran	3065	5942	5520	4486	7804	4319
以色列 Israel	1387	1927	1594	2920	2414	3194
日本 Japan	13010			80654		
韩国 Korea, Rep.	15078			41882		
马来西亚 Malaysia	5483	11240		6922	13682	
巴基斯坦 Pakistan	617	1950		3080	4870	
新加坡 Singapore	32618					
斯里兰卡 Sri Lanka	919					
南非 South Africa	2598					
美国 United States	34334			83352		
阿根廷 Argentina	1550				2374	
法国 France	6810	10421		20273	20746	
德国 Germany	8602	10230		14725	17070	
荷兰 Netherlands	9940			32507		
波兰 Poland	3152	3017	2739	1582	2838	4403
俄罗斯 Russia	828	20152	8467	84	2353	262
西班牙 Spain	5627			19343		
乌克兰 Ukraine	4271	8371		684	1744	
澳大利亚 Australia	48750	88736	126233	5418	8896	7872
新西兰 New Zealand	2214	3040	3439	1379	1798	1914

注：数据来源于联合国统计月报数据库。

Note: The data come from the *UN Monthly Bulletin of Statistics Database.*

10-14 世界主要外贸货物海运量及构成（2018年）
World Major Maritime Freight Traffic in Foreign Trade (2018)

品　种 Sort	海运量 （百万吨） Freight Traffic (million tons)	
	2018	所占比例 （%） Percentage
合　计 **Total**	**11892**	**100.0**
原　油 Crude Oil	2038	17.1
成品油 Refined Oil	1079	9.1
燃　气 Fuel gas	418	3.5
铁矿石 Ironstone	1470	12.4
煤　炭 Coal	1240	10.4
谷　物 Corn	486	4.1
其他货物 Others	5161	43.4

注：数据来源于《航运统计与市场评论》，2019年1月/2月，航运经济与物流研究所。
数据为估计数。

Note: The data come from the *Shipping Statistics and Market Review* , January/Feburary 2019, ISL.
The data are estimated data.

10-15 主要沿海国家国际旅游人数
Number of International Tourists of Major Coastal Countries

单位：万人 (10000 persons)

国家 Country	入境（过夜）旅游人数 Number of Inbound Tourists (Overnight)			出境旅游人数 Number of Outbound Tourists		
	2000	2010	2020	2000	2010	2020
世界总计 World Total	**133238**	**175572**		**112242**	**145702**	
中国（不含港澳台地区） China (Not including Hong Kong, Macao and Taiwan Regions of China)	8344	13376	3040	1047	5739	2033
孟加拉国 Bangladesh	20	14		113	191	
文莱 Brunei Darussalam		21	107			
柬埔寨 Cambodia	47	251	131	4	51	33
印度 India	265	578		442	1299	
印度尼西亚 Indonesia	506	700	405	221	624	292
伊朗 Iran	134	294	155			155
以色列 Israel	267	344		353	427	
日本 Japan	476	861	412	1782	1664	317
韩国 Korea, Rep.	532	880	252	551	1249	428
马来西亚 Malaysia	1022	2458	433	3053		
缅甸 Myanmar	42	79	90			
巴基斯坦 Pakistan	56	91				
菲律宾 Philippines	199	352	148	167		148
新加坡 Singapore	769	1164	274	444	734	154
斯里兰卡 Sri Lanka	45	77	54	52	112	31
泰国 Thailand	958	1594		191	545	

注：数据来源于世界银行WDI数据库。

Note: The data come from the *WDI Database of World Bank.*

10-15 续表 continued

国家 Country	入境（过夜）旅游人数 Number of Inbound Tourists (Overnight)			出境旅游人数 Number of Outbound Tourists		
	2000	2010	2020	2000	2010	2020
越南 Viet Nam	214	505	384			
埃及 Egypt	551	1473			462	
尼日利亚 Nigeria	149	611				
南非 South Africa	600	1130	389			
加拿大 Canada	4864	2562			5362	
墨西哥 Mexico	10567	8195	5113	12727	9166	3606
美国 United States	7834	16228	4504	8797	12157	6055
阿根廷 Argentina	291	680			608	
巴西 Brazil	531	516		323	646	
委内瑞拉 Venezuela	60	54		95	148	
法国 France		18983	11711		2997	2129
德国 Germany	1898	2688	1245	8051	8587	
意大利 Italy	6270	7323	3842	4463	5530	2145
荷兰 Netherlands	1000	1088	727	1390	1837	
波兰 Poland	8452	5834		5668	4276	
俄罗斯 Russia	2117	2228	636	1837	3932	1236
西班牙 Spain	7458	9374	3641		1425	624
土耳其 Turkey	1043	3300	1597	528	656	224
乌克兰 Ukraine	1169	2411	338		1774	1125
英国 United Kingdom	2521	3040	1110	5684	6465	2383
澳大利亚 Australia	493	579	183	350	710	283
新西兰 New Zealand	179	253	100	128	203	51

10-16 主要沿海国家国际旅游收入
International Tourism Receipts of Major Coastal Countries

单位：亿美元 (100 million USD)

国家 Country	国际旅游支出 International Tourism Expenditures			国际旅游收入 International Tourism Receipts		
	2000	2010	2020	2000	2010	2020
世界总计 World Total	**5513**	**10304**		**5963**	**11664**	
中国（不含港澳台地区） China (Not including Hong Kong, Macao and Taiwan Regions of China)	142			173		
孟加拉国 Bangladesh	5	8	7		1	2
柬埔寨 Cambodia	1	1	2	3	17	11
印度 India	37		158	36		134
印度尼西亚 Indonesia		84	20		76	35
伊朗 Iran	7	106		7	26	
以色列 Israel	37	47	22	46	56	27
日本 Japan	426	393	67	60	154	114
韩国 Korea, Rep.	79	208	167	85	143	118
马来西亚 Malaysia	25	93	52	59	196	34
缅甸 Myanmar	0			2	1	
巴基斯坦 Pakistan	6	14	12	6	10	8
菲律宾 Philippines	18	60	49	23	34	28
新加坡 Singapore	45	187		51	142	
斯里兰卡 Sri Lanka	4	8	8	4	10	11
泰国 Thailand	32	72	37	99	238	154
越南 Viet Nam		15	44		45	32

注：数据来源于世界银行WDI数据库。

Note: The data come from the *World Bank WDI Database*.

10-16 续表 continued

国家 Country	国际旅游支出 International Tourism Expenditures			国际旅游收入 International Tourism Receipts		
	2000	2010	2020	2000	2010	2020
埃及 Egypt	12	27	26	47	136	49
尼日利亚 Nigeria	6	83	66	2	7	3
南非 South Africa	27	81	16	33	103	27
加拿大 Canada	151	372		130	184	
墨西哥 Mexico	64	90	43	91	126	114
美国 United States	855	1238	488	1183	1618	842
阿根廷 Argentina	55	64	27	32	56	17
巴西 Brazil	45	189	65	20	55	31
委内瑞拉 Venezuela	16	29		5	9	
法国 France	290	467	312	387	562	360
德国 Germany	576	909		249	491	
意大利 Italy	182		130	287		205
荷兰 Netherlands	136		74	113		109
波兰 Poland	34	89	55	61	99	84
俄罗斯 Russia		302	108		132	50
西班牙 Spain						
土耳其 Turkey		58	16		263	138
乌克兰 Ukraine	6	41	48	6	47	7
英国 United Kingdom						
澳大利亚 Australia	91	279	77	116	311	262
新西兰 New Zealand	12	30		23	65	

10-17 集装箱吞吐量居世界前20位的港口（2020年）
World Top 20 Seaports in Terms of the Number of Containers Handled (2020)

单位：万标准箱　　(10000 TEU)

港　口 Seaport	所属国家 Country	吞吐量 Containers Handled
上海 Shanghai	中国 China	4350
新加坡 Singapore	新加坡 Singapore	3687
宁波舟山 Ningbo Zhoushan	中国 China	2872
深圳 Shenzhen	中国 China	2655
广州 Guangzhou	中国 China	2317
青岛 Qingdao	中国 China	2201
釜山 Pusan	韩国 Korea, Rep.	2181
天津 Tianjin	中国 China	1835
香港 Hong Kong	中国 China	1803
鹿特丹 Rotterdam	荷兰 Netherlands	1435
迪拜 Dubai	阿联酋 United Arab Emirates	1349
巴生 Kelang	马来西亚 Malaysia	1324
安特卫普 Antwerp	比利时 Belgium	1203
厦门 Xiamen	中国 China	1141
高雄 Gaoxiong	中国 China	962
洛杉矶 Los Angeles	美国 United States	921
汉堡 Hamburg	德国 Germany	875
长滩 Long Beach	美国 United States	811
林查班 Laem Chabang	泰国 Thailand	755
苏州 Suzhou	中国 China	629

注：数据来源于上海航运交易所。

Note: The data come from Shanghai Shipping Exchange.

10-18 港口货物吞吐量居世界前20位的港口（2020年）
World Top 20 Seaports in Terms of the Cargo Handled (2020)

单位：百万吨

(million t)

港　口 Seaport	所属国家 Country	吞吐量 Cargo Handled
宁波舟山 Ningbo Zhoushan	中国 China	1172.4
上海 Shanghai	中国 China	711.0
唐山 Tangshan	中国 China	702.6
广州 Guangzhou	中国 China	612.4
青岛 Qingdao	中国 China	604.6
新加坡 Singapore	新加坡 Singapore	590.3
苏州 Suzhou	中国 China	554.1
黑德兰港 Headland Harbour	澳大利亚 Australia	546.8
天津 Tianjin	中国 China	502.9
日照 Rizhao	中国 China	496.2
鹿特丹 Rotterdam	荷兰 Netherlands	436.8
釜山 Pusan	韩国 Korea, Rep.	410.5
烟台 Yantai	中国 China	399.4
镇江 Zhenjiang	中国 China	350.6
大连 Dalian	中国 China	334.0
南通 Nantong	中国 China	310.1
黄骅 Huanghua	中国 China	301.3
泰州 Taizhou	中国 China	301.1
北部湾 Beibuwan	中国 China	295.7
光阳 Gwangyang	韩国 Korea, Rep.	273.3

注：数据来源于上海航运交易所。
　　数据为内外贸货物。

Note: The data come from Shanghai Shipping Exchange.
　　The data refer to the domestic and foreign trade cargo.

10-19 海上商船拥有量居世界前20位的国家和地区（2019年）
World Top 20 Countries and Regions in Terms of the Number of Maritime Merchant Ships Owned (2019)

国家和地区 Country and Region	艘数（艘） Number of Vessels (unit)	总吨 Gross Ton（万吨）(10000 tons)	载重吨 Deadweight Ton	
			万吨 10000 tons	占世界% Percentage in the World
世界总计 World Total	**55655**	**132014**	**197053**	**100.0**
巴拿马 Panama	6486	21218	32034	16.3
利比里亚 Liberia	3553	16585	26625	13.5
马绍尔群岛 Marshall Islands	3404	15514	25446	12.9
中国 China				
香港特别行政区	2534	12676	20054	10.2
新加坡 Singapore	2362	9002	13565	6.9
马耳他 Malta	2036	7932	11447	5.8
中国（不含港澳台地区）China (Not including Hong Kong, Macao	4425	6128	9576	4.9
希腊 Greece	913	3984	6889	3.5
巴哈马 Bahamas	1133	5542	6522	3.3
日本 Japan	2591	2874	3982	2.0
英国 United Kingdom	634	2404	3447	1.7
塞浦路斯 Cyprus	864	2240	3379	1.7
丹麦 Denmark	516	2104	2318	1.2
印度尼西亚 Indonesia	3391	1604	2265	1.1
葡萄牙 Portugal	561	1528	2080	1.1
挪威 Norway	865	1604	1997	1.0
伊朗 Iran	449	1079	1940	1.0
印度 India	888	965	1650	0.8
韩国 Korea, Rep.	1025	1056	1476	0.7
沙特阿拉伯 Saudi Arabia	129	754	1348	0.7

注：数据来源于《航运统计与市场评论》，2020年 1月/2月，航运经济与物流研究所。
按船旗统计，统计范围为300总吨及以上船舶，统计截止日期为2020年1月1日。

Note: The data come from the *Shipping Statistics and Market Review* , January/Feburary 2020, ISL.
According to the flag of the ship, the statistical range covers 300 tons ships and above. The closing date of statistics was 1 Jan., 2020.

10-20 集装箱船拥有量居世界前20位的国家和地区（2019年）
World Top 20 Countries and Regions in Terms of the Number of Container Ships Owned (2019)

国家和地区 Country and Region	艘数 （艘） Number of Vessels (unit)	载重吨 Deadweight ton	
		万标准箱 10000 TEU	占世界% Percentage in the World
世界总计 **World Total**	**5360**	**2294.8**	**100.0**
利比里亚 Liberia	855	389.9	17.0
中国 China 香港特别行政区 Hong Kong SAR, China	550	343.3	15
巴拿马 Panama	613	331.3	14.4
新加坡 Singapore	500	236.6	10.3
马耳他 Malta	315	196.7	8.6
丹麦 Denmark	154	151.8	6.6
马绍尔群岛 Marshall Islands	249	118.5	5.2
葡萄牙 Portugal	255	85.8	3.7
中国（不含港澳台地区） China (Not including Hong Kong, Macao and Taiwan Regions of China)	321	75.8	3.3
德国 Germany	84	59.3	2.6
塞浦路斯 Cyprus	197	42.2	1.8
英国 United Kingdom	58	33.3	1.5
法国 France	30	23.9	1.0
日本 Japan	43	23.5	1.0
美国 United States	62	22.9	1.0
中国 China 台湾省 Taiwan Province, China	49	17.5	0.8
印度尼西亚 Indonesia	224	16.6	0.7
安提瓜和巴布达 Antigua and Papua	135	15.3	0.7
韩国 Korea, Rep.	85	14.0	0.6
巴哈马 Bahamas	53	13.7	0.6

注：数据来源于《航运统计与市场评论》，2020年 1月/2月，航运经济与物流研究所。
按船旗统计，统计范围为300总吨及以上船舶，统计截止日期为2020年1月1日。

Note: The data come from the *Shipping Statistics and Market Review* , January/Feburary 2020, ISL.
According to the flag of the ship, the statistical range covers 300 tons and above ships. The closing date of statistics was 1 Jan., 2020.

10-21 海上油轮拥有量居世界前20位的国家和地区（2018年）
Top 20 Countries and Regions in the World by the Possession of Ocean Going Oil Tankers (2018)

国家和地区 Country and Region	艘数 （艘） Number of Vessels (unit)	总吨 Gross Ton （千吨） (1000 tons)	载重吨 Deadweight ton	
			千吨 1000 tons	占世界% Percentage in the World
世界总计 World Total	**15158**	**418129**	**680185**	**100.0**
马绍尔群岛 Marshall Islands	1325	64993	104582	15.4
利比里亚 Liberia	1063	51079	88978	13.1
巴拿马 Panama	1489	48611	80510	11.8
中国 China				
香港特别行政区 Hong Kong SAR, China	548	28453	49171	7.2
希腊 Greece	422	26772	47418	7.0
新加坡 Singapore	1032	26916	44170	6.5
马耳他 Malta	729	24868	41870	6.2
巴哈马 Bahamas	402	28251	41246	6.1
英国 United Kingdom	258	9552	14717	2.2
中国（不含港澳台地区） China (Not including Hong Kong, Macao and Taiwan Regions of China)	815	8807	14577	2.1
日本 Japan	824	8875	13076	1.9
沙特阿拉伯 Saudi Arabia	89	6679	12430	1.8
挪威 Norway	223	7905	11972	1.8
印度 India	156	5773	10079	1.5
印度尼西亚 Indonesia	739	5793	8989	1.3
比利时 Belgium	54	4340	7116	1.0
百慕大 Bermuda	94	7095	6822	1.0
意大利 Italy	218	3504	5743	0.8
马来西亚 Malaysia	198	4590	5446	0.8
丹麦 Denmark	173	3395	5180	0.8

注：数据来源于按所有权模式计算的油轮船只总数，《航运统计与市场评论》，2019年1月/2月，航运经济与物流研究所。
按船旗统计，统计截止日期为2019年1月1日。

Note: The data come from the total tanker fleet calculated by ownership patterns, *SSMR* , January/February 2019, ISL. According to the flag of the ship, the closing date of statistics was 1 Jan., 2019.

10-22 海上散货船拥有量居世界前20位的国家和地区（2018年）
Top 20 Countries and Regions in the World by the Possession of Ocean Bulk Carriers (2018)

国家和地区 Country and Region	艘数（艘） Number of Vessels (unit)	总吨（千吨） (1000 tons)	载重吨 Deadweight ton	
			千吨 1000 tons	占世界% Percentage in the World
世界总计 World Total	**11562**	**447144**	**813197**	**100.0**
巴拿马 Panama	2387	100358	182764	22.5
马绍尔群岛 Marshall Islands	1443	61771	112546	13.8
中国 China 香港特别行政区 Hong Kong SAR, China	1078	56475	104266	12.8
利比里亚 Liberia	1116	52655	96831	11.9
中国（不含港澳台地区） China (Not including Hong Kong, Macao and Taiwan Regions of China)	1228	32047	55210	6.8
新加坡 Singapore	550	27266	50308	6.2
马耳他 Malta	601	25063	45535	5.6
塞浦路斯 Cyprus	299	12443	22821	2.8
希腊 Greece	189	10991	20731	2.5
日本 Japan	442	10997	20389	2.5
英国 United Kingdom	126	8952	16981	2.1
巴哈马 Bahamas	261	9350	16505	2.0
韩国 Korea, Rep.	126	3563	6602	0.8
葡萄牙 Portugal	56	2886	5284	0.6
印度尼西亚 Indonesia	263	2940	4999	0.6
印度 India	98	2547	4600	0.6
意大利 Italy	44	2074	3852	0.5
挪威 Norway	67	2299	4025	0.5
中国 China 台湾省 Taiwan Province, China	38	1607	3023	0.4
比利时 Belgium	19	1511	2885	0.4

注：数据来源于按所有权模式计算的油轮船只总数，《航运统计与市场评论》，2019年1月/2月，航运经济与物流研究所。

按船旗统计，统计截止日期为2019年1月1日。

Note: The data come from the total tanker fleet calculated by ownership patterns, *SSMR* , January/February 2019, ISL.

According to the flag of the ship, the closing date of statistics was 1 Jan., 2019.